图书在版编目（CIP）数据

时尚视觉盛宴．礼服插画．2 /（越）厄里斯·德兰编；张晨译．-- 沈阳：辽宁科学技术出版社，2019.5
ISBN 978-7-5591-1083-1

Ⅰ．①时… Ⅱ．①厄… ②张… Ⅲ．①服装—绘画技法 Ⅳ．①TS941.28

中国版本图书馆CIP数据核字（2019）第028743号

出版发行：辽宁科学技术出版社
（地址：沈阳市和平区十一纬路25号 邮编：110003）
印 刷 者：上海利丰雅高印刷有限公司
经 销 者：各地新华书店
幅面尺寸：170mm×240mm
印　　张：15
插　　页：4
字　　数：200千字
出版时间：2019年5月第1版
印刷时间：2019年5月第1次印刷
责任编辑：王丽颖
封面设计：关木子
版式设计：关木子
责任校对：周　文

书　　号：ISBN 978-7-5591-1083-1
定　　价：98.00元

联系电话：024-23284360
邮购热线：024-23284502
E-mail: wly45@126.com
http://www.lnkj.com.cn

FASHION ILLUSTRATION

gown & dress inspiration II

时尚视觉盛宴

——礼服插画 II

（越）厄里斯·德兰 编　张晨 译

辽宁科学技术出版社
·沈阳·

Contents 目录

前言

本书收录了来自世界各地才华横溢的时尚插画师的精彩插画作品，它们演绎着一个共同的主题——礼服。礼服是为女性创造的杰作之一，也是她们衣柜里最美的那件衣服。身着华服的女性是摄影师巨大的灵感来源，是服装设计师无穷无尽的创作源泉，也是时尚插画师描绘独特作品和惊艳形象的契机。

每件礼服的背后都有个不同的故事，当女人穿上礼服，尤其是高级定制礼服，她们就变身为尊贵的女王或浪漫的公主。这些礼服的制作费时弥久，打造出多样的闪光细节，成就女性的美丽，激发时尚插画师的创作灵感。

在时尚插画的创作中，插画师不仅要表现礼服之美，也要体现穿着者的精神。你可以从时尚秀场、红毯造型、旅行、艺术品或者速写草稿上获取灵感，自己设计出一个形象或者从众多时尚品牌中找到一个理想的形象来展开创作。你可以选择以某种姿势、某件礼服来突出她们的故事，并在插画中将这种特质予以加强。例如婚纱带来的梦幻之感，礼服营造的迷人之感……

此外，绘画媒介的选择也是非常重要的，例如马克笔可以用于绘制厚重或具有光泽感的面料，水彩则适合用于表现雪纺或透明面料。时尚插画师还要关注面料、刺绣、色彩、模特动态等细节，通过这些不同的侧面来强调礼服的独特性，用时尚插画营造的氛围来讲述礼服背后的故事，达到突出品牌礼服特质的目的。

在日常生活中，女性根据自己的穿衣风格和流行趋势来选择礼服，或者根据婚礼、周年纪念、舞会等场合来选择礼服。因此女性有更多的理由在任意时间、任意地点穿上漂亮的礼服。此外，人们也热衷于欣赏明星们的红毯造型，看她们如何搭配自己的服饰，让自己脱颖而出。相信这本书中收录的大量精美的礼服插画作品一定会给你留下深刻的印象。

——厄里斯 · 德兰

厄里斯•德兰（Eris Tran）是一位自由时尚风格插画家，在社交平台 Instagram 上拥有近 20 万粉丝。精湛的绘画技巧和艺术构思，渲染逼真的纹理和繁复的层次结构，展现了他对时尚插画整体的表现能力。他的作品引起了媒体的广泛关注，被刊登收录在《世界时装之苑》《时装 L'OFFICIEL》《Basic》杂志、《Alchemist》和《Broelis》等书刊。并与 Alberta Ferretti、Ralph & Russo、Zuhair Murad、Marchesa 等时尚品牌展开合作。

时尚插画绘制四步曲

第一步：了解人体比例——九头身

初学者尝试绘制时尚插画时，首先要了解人体的结构以及身体的各个部位是如何组合在一起的。现代时装插画中的人物通常采用九头身的画法，即身体的高度为头高的九倍。身体的各个部位将以头高为参照进行相应的高度换算。

对于初学者来说，练习画出大量不同的模特姿势是非常重要的。这会有助于你熟悉插画，也更易于激发灵感。

第二步：学习绘制服装的基本形态

即学习绘画并培养感知服装廓形的能力，分析面料上的褶皱用以更好地表现礼服的材质。廓形的感知能力是绘制插画的重要前提，因为廓形体现了每件礼服的重要特征。

初学者可以模仿已有的插画进行练习，然后再转换到对现实模特的描绘。在理解一些基本规则之后，就可以自己进行插画创作，创造出自己的角色，用插画讲述他们的故事。

第三步：展示服装的结构

在了解了人体结构和服装廓形之后，学习如何表现服装的结构是很有必要的。

首先，要了解服装的基本构造。初学者可以通过观察时装快照或衣橱里的衣服，将注意力集中在接缝、纽扣、拉链、褶裥等位置。接下来，在草图上绘制服装结构细节时，要建立正确的空间安置感，以及它们在模特不同姿势下是如何呈现的。此外，还要注意礼服面料在动态中或交叠情况下的褶皱变化。上色时色彩要随着人体和服装结构而有所变化。

第四步：绘制阴影

时尚插画的最后一个步骤是阴影的添加。在为服装添加阴影的同时，要突出材质表面的高光。在绘画中对光影的准确表现能够使一件衣服显得真实而立体。

我们可以使用多种材料和工具来突出面料表面的光影效果。例如：使用马克笔绘制服装时，可以配合使用一些其他工具或颜料，先用深一些的颜色在衣服上添加阴影，然后用白色铅笔、白色胶笔画出高光，突出面料质感。

第一章
时尚插画绘制的基本知识

一、头部的比例划分

人体头部可被视作一个椭圆形，长宽比例为 1.5:1。在时尚插画中通常会将眼睛画得更大一些，除此之外其他部位都是和常规比例一样的。以此数据可以先绘制出垂直和水平对称轴：高度 1.5，宽度 1。如图 1.1.1

眼睛的水平线处于整个头部的中间位置，也就是在水平轴上。发际线位于整个头部高度的 1/6 处。从发际线至下颌可以划分为三等份，即是通常所说的三庭。第一庭到眉毛，第二庭到鼻尖，第三庭到下颌。嘴唇位于比第三庭的 1/3 处再高一点的地方。耳朵则从眼睛的水平高度开始，一直延续到鼻子的水平高度。绘画时还需要考虑光源的方向。如图 1.1.2 所示光线从左上方照射，那么上唇就会处在阴影之中，包括鼻子下面、唇角、眼睛周围、下巴以下以及脖子附近的头发也都处于阴影中。

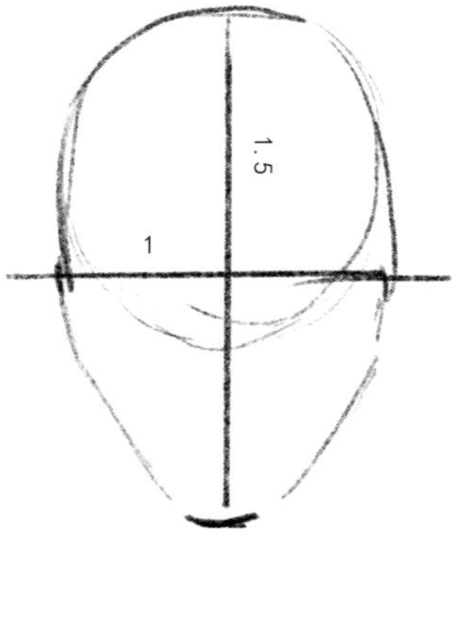

图 1.1.1 头部的基本比例。维多利亚 · 卡加洛夫斯卡绘

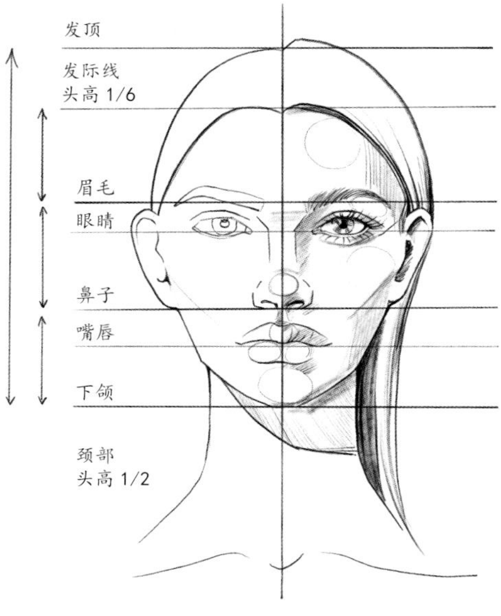

图 1.1.2 头部的细分比例及光影演示。维多利亚 · 卡加洛夫斯卡绘

二、面部的局部画法

1. 眉毛

通常眉毛看不出结构，然而却有很多不同的眉形。如果你想画出一个美丽和谐的面孔，应该注意以下三点：第一点，眉毛的起点应该位于内眼角和鼻翼边缘的垂直线上；第二点，眉毛的终点位于从鼻孔到外眼角再到眉毛的相交点上；第三点，眉毛的最高点位于从鼻孔边缘经过瞳孔再到眉毛的相交点上。具体绘画时可以根据个人喜好选择眉毛的弯度和宽度。如图 1.2.1

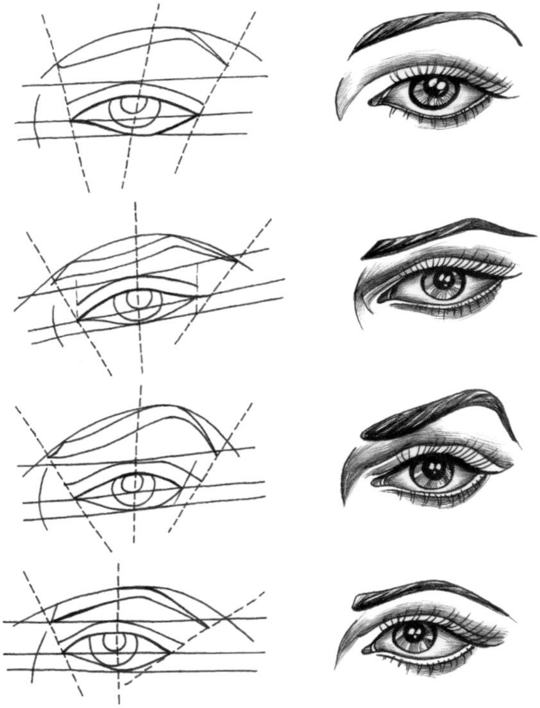

图 1.2.1 眉毛的画法。奥尔加 · 卡兹娜科娃绘

2. 眼睛

要掌握好画眼睛的基本技巧，首先要了解眼睛的结构。不同的眼睛角度，绘画比例自然大有分别。图示作品是用水彩绘画的，因此更要注重多层次上色的次序，注意皮肤及眼影的颜色。如果眼影同时拥有多色，要注意落色的先后次序，由浅至深。如果眼妆有装饰品，绘画时亦要小心注意，特别是投影的位置要仔细绘画，才能使整幅作品更具立体感。复杂细微的部分也不能忽略，例如眼睫毛卷曲的长度以及高光的位置等，即使一点一线也不能忽略，做好以上部分就能使作品更传神、更写实。如图 1.2.2–1.2.5

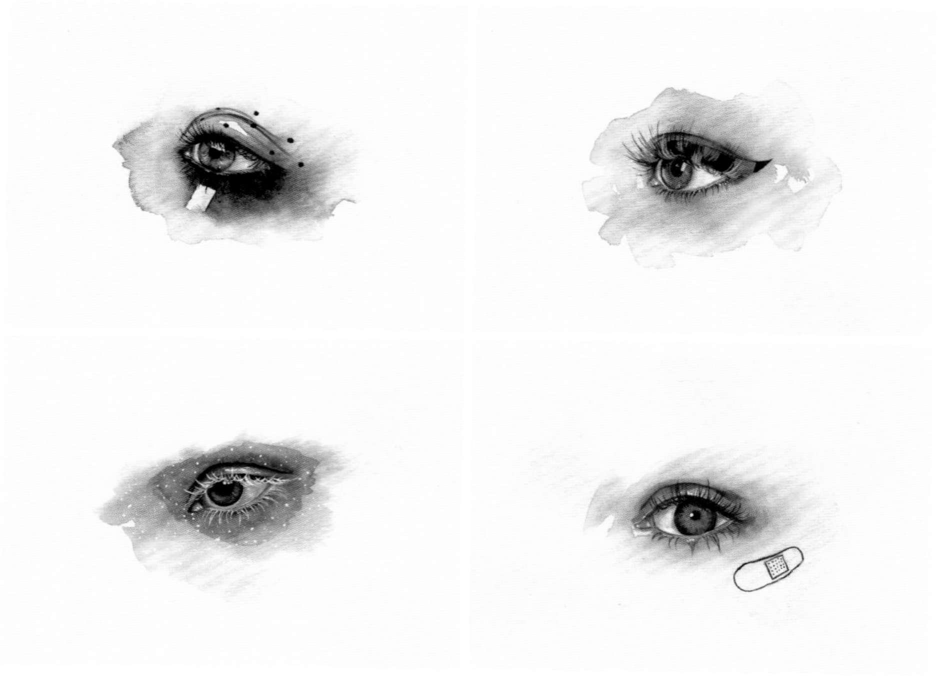

图 1.2.2–1.2.5 不同角度的眼睛。欧镁桦绘

3. 鼻子

鼻子的结构可以简化为鼻梁和鼻头两个部分。在不同角度下，鼻梁所呈现的线条也不同。鼻尖和两侧鼻翼可以被理解成三个球形，这样画起来就会简单一些，参考鼻型和角度的因素，注意这三个球形的位置关系即可。同时要注意来自不同角度的光线，在鼻子上留下的阴影也是不同的。如图 1.2.6

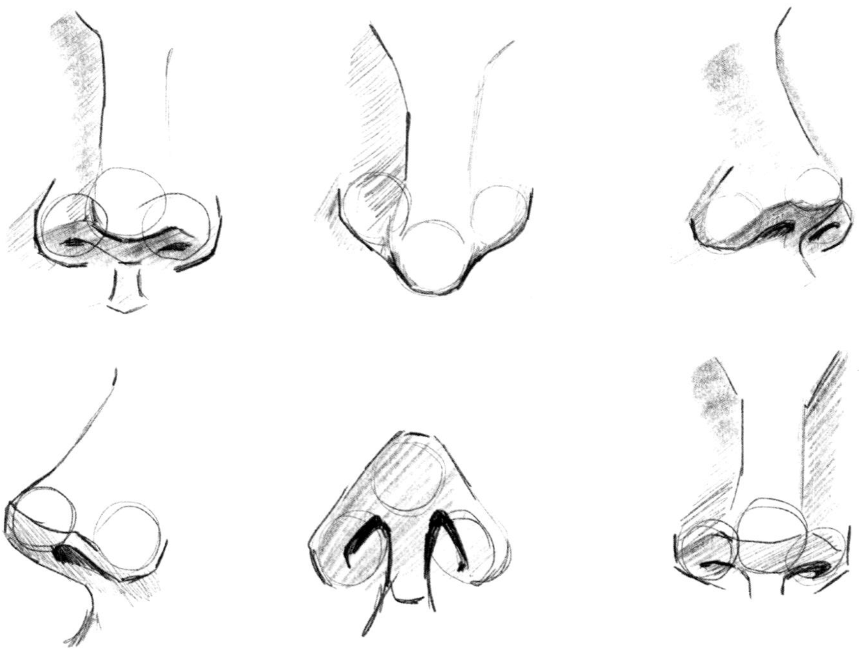

图 1.2.6 鼻子在不同角度的结构及光影变化。维多利亚 · 卡加洛夫斯卡绘

4. 嘴唇

先要了解唇部的结构，才能准确画出嘴唇在不同角度产生的透视变化。在时尚插画绘制中，通常只要画出上唇、下唇和口裂即可。口裂是指上、下嘴唇闭合后形成的波状线，具有起伏、虚实等变化。为唇部上色时，要注意颜色是如何一级一级变深的。在正常光照下，上唇是处于阴影之中的，比正常的唇色深一个或者两个色调。如果光线更弱的话，相对的唇色也变得更深。如图 1.2.7

图 1.2.7 嘴唇的不同角度。维多利亚 · 卡加洛夫斯卡绘

5. 头发

头发附着在头部上，因此是随着头部结构的转折而有所变化的。先确定好光源位置，受光面即是亮面，背光面即是暗面。上色时并不需要画出每一根发丝，而是先整体铺色，背光面会比受光面深 1~2 个色调，尤其耳后或者颈部甚至会更深一些，然后再用较细的笔触绘制出上层的发丝。在笔触的运用上，要参考发丝的形态和走向，下笔要肯定、自然，不能断断续续。头发的颜色其实和服装一样，也能表现人的性格。如低调内敛，如奔放张扬。如图 1.2.8

图 1.2.8 头发的画法。维多利亚 · 卡加洛夫斯卡绘

三、人体的比例划分

在实际生活中以头部为参照的话，一个人的身高一般是 7.5~8 个头高。但是在时尚插画中，为了达到完美的视觉效果，通常将身体比例画成 9 个头高甚至更多。除了图示中标出的 10 处节点外，还需要知道的一些数据包括：颈部的高度通常是 1/2 头高，肩线的位置处在下颌至胸线的 1/2 处，肩宽是 1.5 个头高，腰宽小于或等于头高，臀部的宽度要略小于肩部的宽度。需要注意的是，当人体在行走中或重力放在一条腿上时，颈窝与承重的腿在同一轴线上。如图 1.3.1

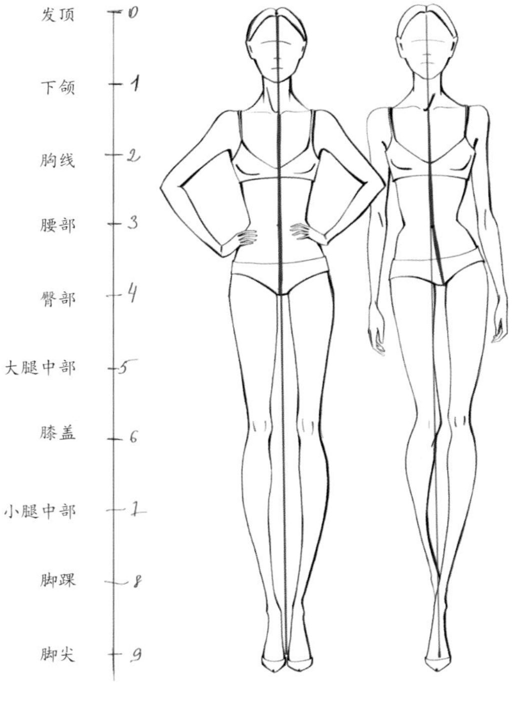

图 1.3.1 人体站姿比例图。维多利亚 · 卡加洛夫斯卡绘

四、不同的姿势及动态画法

1. 坐姿

有些人可能觉得坐姿很难画，其实坐姿与站姿的画法是一样的，都是从头到脚。只不过因为坐着的关系，上半身会显得比较突出，但实际上比例的划分是基本相同的。上半身包括头部在内占 4 个头高。由于透视的关系，臀部与膝盖处于同一区间内。从膝盖到脚踝，如同正常站姿一样占 2 个头高，脚部占 1 个头高。参照这几点就可以画出正确的坐姿，并且可以据此设计出更多不同角度的坐姿。如图 1.4.1

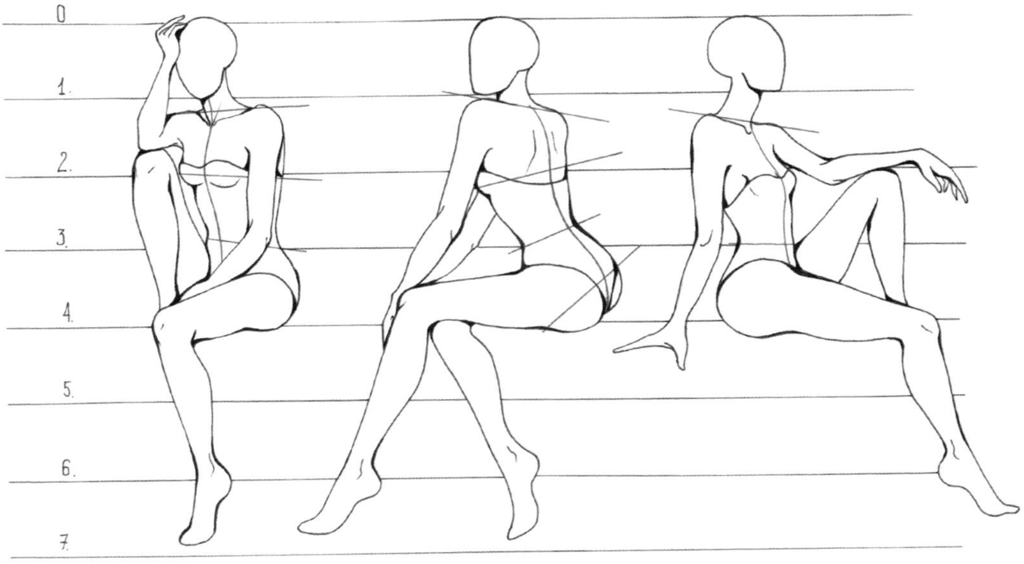

图 1.4.1 坐姿比例图。奥尔加 · 卡兹娜科娃绘

2. 站姿侧视

这个角度是最容易画的，主要是正确构建脊柱线。头部的侧面占一个头高，与颈部、肩线、臀部的最宽处在同一条垂直线上。颈窝的位置稍低于肩线。支撑腿的膝盖、踝关节与后腰在同一中心线上，前额和胃也在同一条线上。试着把手和非承重腿放在不同位置，就可以组合做出各种不同的姿势。图 1.4.2

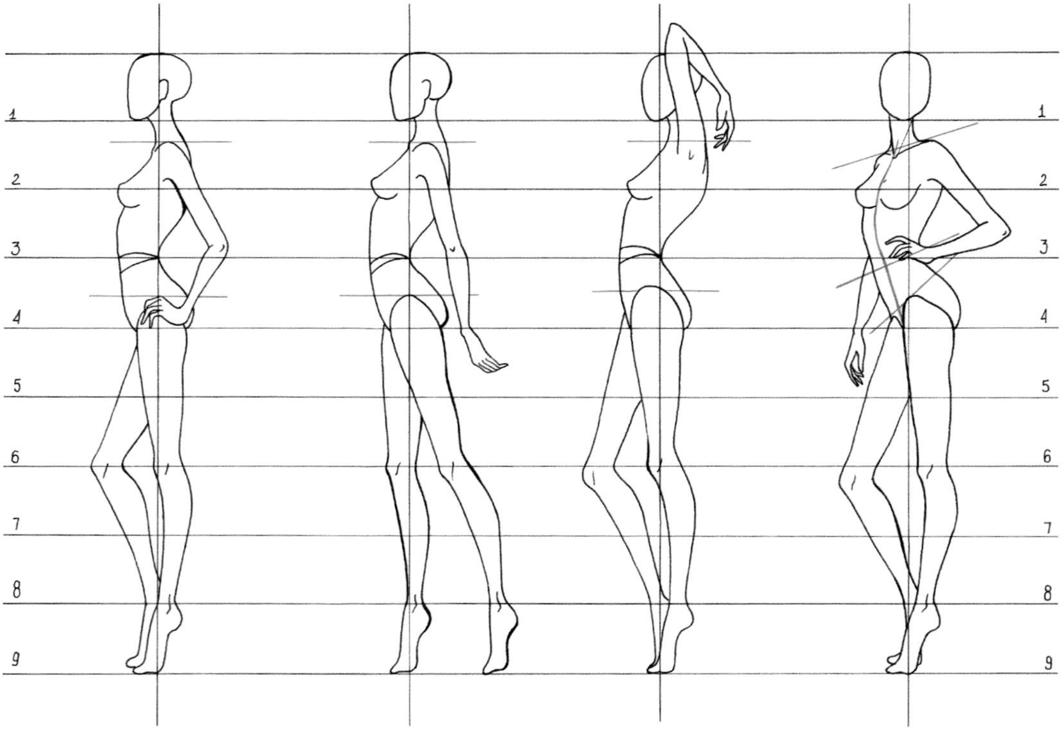

图 1.4.2 站姿侧视比例图。奥尔加 · 卡兹娜科娃绘

3. 动势

绘制不同角度的动态姿势有三条主要规则。第一条是两侧倾斜的肩线和臀线应该是相对的，中间的胸线应与肩线平行，腰线应与臀围线平行。第二条是身体的主轴线应该是弯曲的，与以上提到的所有线成 90 度角。第三条是承重的足踝与颈窝在同一线上。如图 1.4.3

维多利亚 · 卡加洛夫斯卡[①]
奥尔加 · 卡兹娜科娃[②]
欧镁桦[③]

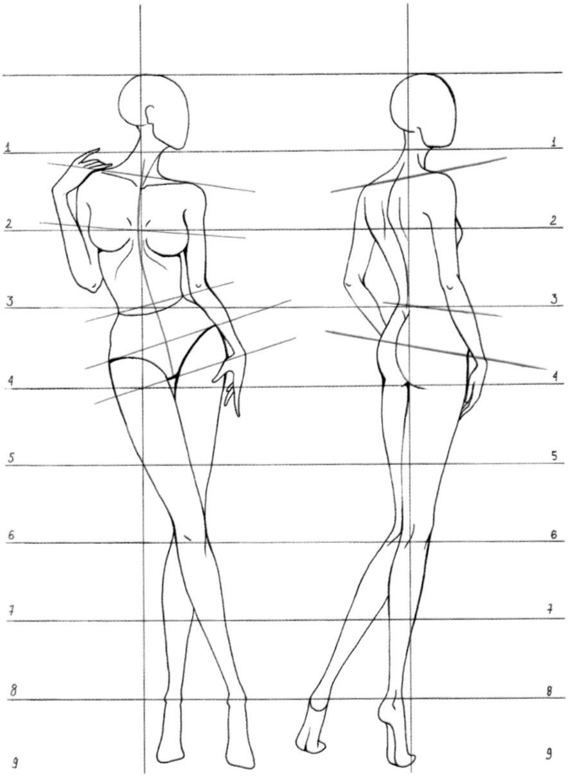

图 1.4.3 动势比例图。奥尔加 · 卡兹娜科娃绘

①维多利亚·卡加洛夫斯卡（Victoria Kagalovska），乌克兰时尚插画师，在社交平台 Instagram 拥有大量粉丝，善用多种媒介进行插画创作。曾与很多国际品牌合作，为书籍杂志创作插画，在时装周期间担任插画师，并开授时尚插画课程。她是荷兰皇家泰伦斯专业水彩颜料伦勃朗系列的形象大使。

②奥尔加·卡兹娜科娃（Olga Kaznakova），俄罗斯时尚插画师，以彩铅、水彩等打造写实派画风，创作对象集中在街拍、秀场等，力求打造精致的时尚插画作品。

③欧镁桦（Olivia Au），中国香港插画师，善用水彩和马克笔绘制时尚插画。注重细节和绘图技巧，作品具有甜美的女性化风格。

五、插画师访谈 —— 如何创建独特的个人风格

在掌握了绘制时尚插画需要具备的基础知识以后，可以尝试摸索适合自己的绘画风格。绘画如同写字一样，只有具有鲜明的个人特色，才能从万千插画作品中脱颖而出。本书邀请了两位非常优秀的插画师来介绍他们是如何创建自己的独特风格的。

1. 欧镁桦

一位出生于中国香港的插画师，并于当地修读时装设计课程，这有助于她运用时尚感和绘画技巧从事插画师工作。她倾向于绘画艺术时尚的作品及为作品注入女性化风格，注重细节和绘图技巧，并擅长运用多种工具媒介绘画，尤其是水彩和马克笔。Instagram @ oliviaumeiwa

Q：为什么会开始绘画眼睛？而且画了那么多？

A：由于网上流行 100 days project 的活动，是一种鼓励及自发性的创作行动。这个行动注重创作过程及自我提升，每天完成一个小目标直到 100 天完成，因此便定下目标并开始构思挑战的内容。我经常在网上关注一些化妆师及有关化妆和时装的摄影作品，这些都是平常绘画人像插画时的重要素材，而眼睛是我最喜欢的一部分，因此便尝试参考这些眼妆并绘画出不同眼睛的作品，如果目标能够完成，那么同时也能拥有自己同系列的 100 张作品了。

Q：如何把握个人特色，形成自己独特的风格？

A：如果想要插画作品拥有独特的个人特色，首先要学习自己喜欢的插画师的作品，建议参考不同插画师的作品，找些高水准的作品做参照及临摹。经过不断学习，审美眼光及绘画技巧会随之提升，在这个过程中便会慢慢找到什么是对自己的作品最重要的。多留意身边喜欢的事物，以此为基础并加以创作，作品慢慢便能转化为自己的风格了。

2.OHGUSHI

1999 年，OHGUSHI 开始使用日本传统的笔刷工具制作水墨画风格的美女画像，同时用他独特的水彩技法为来自全球范围的品牌制作广告。他2004年留学法国，是国际展览的狂热参与者，2005 年荣获第 84 届纽约艺术指导协会年度优秀奖，目前居住在日本的叶山町。

我的作品被称为美人画（Bijinga），是使用传统水墨画的绘画技巧描绘美丽的女子。传统的日本和纸和墨水创造出细腻的动感和触感，同时给人以西方艺术品的印象。这种兼具东西方艺术特色的美感使我的作品具有鲜明的个人特色。

我使用传统水墨画技法之一的没骨法来进行创作。没骨法是指不用墨笔勾出轮廓线，而是完全用墨或颜料混色、撞色、渲染而成，即称为没骨法。它追求直接的画面效果和创作过程中的情绪宣扬，加强创作者对画面的主观处理和把握。没骨画要求造型严谨、精确，所以说熟练掌握五官的基础结构才能准确地表现画面效果。绘画时要将水彩颜料沾取到画笔的尖端和中间部分，并让纸张充分吸收颜料。绘制不同的部位使用的工具也是不同的，例如绘制头发时，就适合使用比较硬的马毛或狼毛刷子。

绘画是一件让我很开心的事情，但绝不仅止于此。在一件完美的作品诞生前，通常要经历过千百遍的练习、许多次失败的尝试。因此需要你坚定信心，不轻言放弃。当我绘制美人画时，我珍爱笔下这位美丽却无法触及的女人。

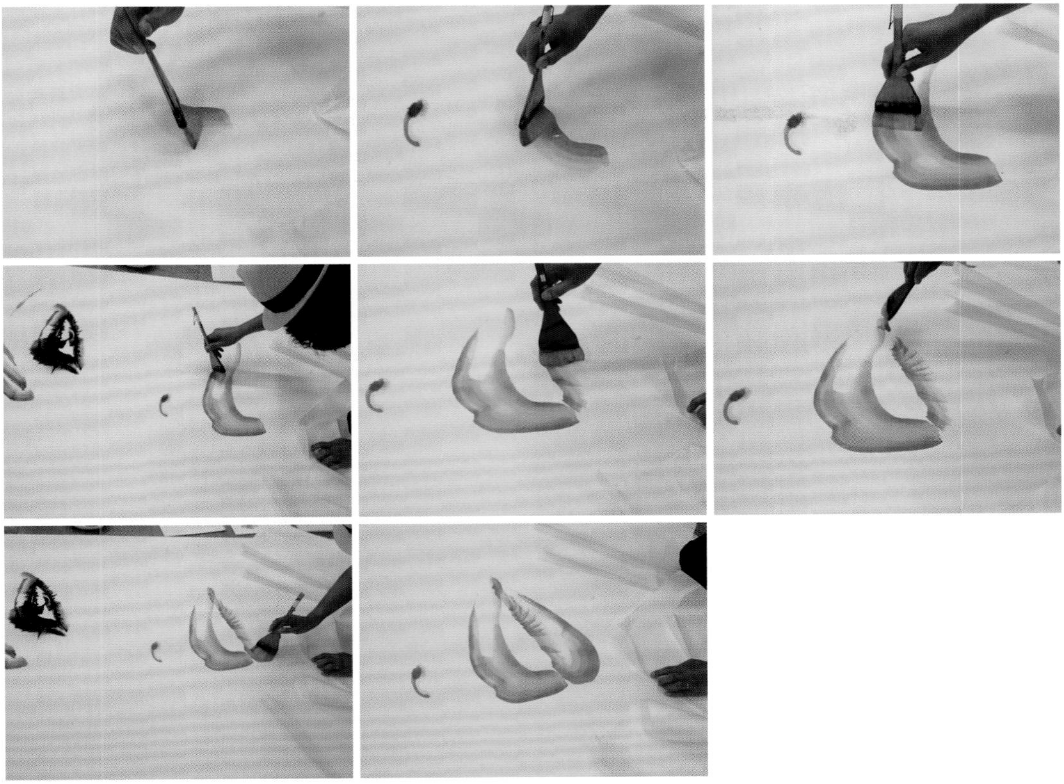

使用没骨法绘制的嘴唇

第二章
水彩礼服插画

水彩作为手绘时尚插画的最常用材料，具有色彩透亮，可鲜明可柔和的特点。作画技法丰富，可塑性强，深受众多插画师的青睐。运用水彩创作礼服插画，能表现出唯美、浪漫而富于变化的画面风格。

一、工具材料

1. 笔

水彩画毛笔品种繁多，根据毛质可分为动物毛和人造毛画笔，根据笔头形状则可分为尖头、圆头、平头、斜头画笔。作画时应根据画面尺幅和所表现的内容需要，选择合适的画笔。如图 2.1.1

动物毛画笔作画效果卓越，笔触灵活生动，造价较高，常见的有貂毛、狼毛、松鼠毛、羊毛等。

貂毛画笔笔锋锐利，储水足，笔触富有弹性，笔尖精细，是水彩画中用途最广的画笔，价位较高，不宜用于绘制丙烯等伤笔的颜料，平时应注意好好保养画笔，保持干燥。小号貂毛尖头或尖圆头画笔既可用于勾轮廓线，又可用于人物和服装着色。貂毛圆头画笔则用于小面积上色，局部晕染，勾画结构和细节。如图 2.1.2

松鼠毛和羊毛画笔储水量极大，笔触柔和，适合绘制大面积色彩，例如背景颜色。如图 2.1.3

图 2.1.1 水彩插画绘制所需画笔

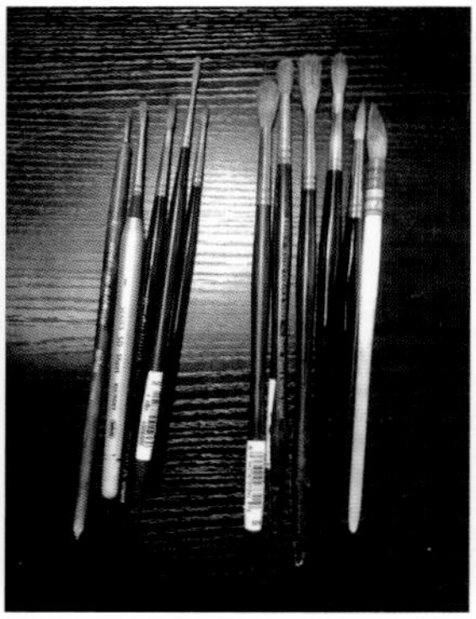

图 2.1.2 貂毛画笔

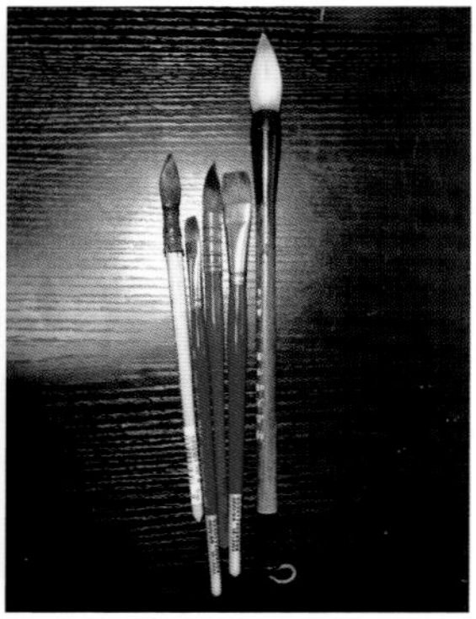

图 2.1.3 松鼠毛和羊毛画笔

2. 纸

水彩纸常见的有木浆纸和棉浆纸，不同材质的水彩纸从显色度、吸水性、晕染效果上有各自的特点。一般来说，木浆纸吸水性较弱，适合表现清晰的水痕。棉浆纸吸水性较好，适合层层柔和晕染。水彩纸的价格还与克重成正比，越厚的水彩纸克重越重，价格越高，储水力越好，效果越平整。

水彩纸的纹理也有所不同，可分为细纹、中粗纹、粗纹等。由于创作插画需要呈现细腻的画面效果，一般选用细纹或者中粗纹水彩纸。单张的水彩纸应在绘画之前先用水胶带和画板裱好，以保证作画后作品的平整，也可选用已装裱好的四面封胶水彩本作画。如图 2.1.4，图 2.1.5

图 2.1.4 明信片水彩本、单张水彩纸和四面封胶水彩本

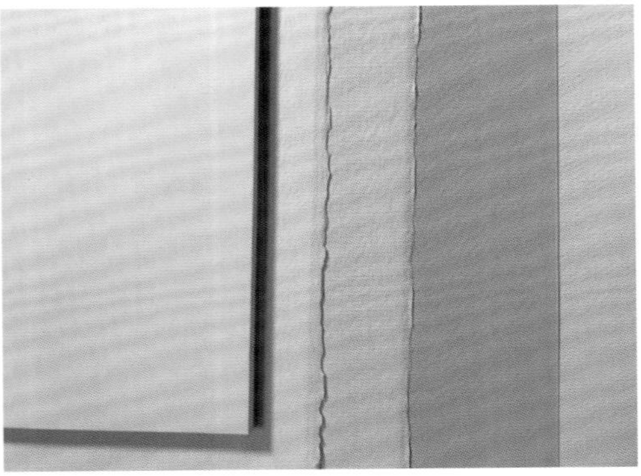

图 2.1.5 不同品牌的水彩纸

3. 颜料

水彩颜料分为管状、液态和块状几种。管状水彩颜料易于沾取，适合绘制浓郁的色彩。液态水彩墨水色彩极为鲜艳，流动性强，可用于纸面混色。块状水彩颜料携带方便，色彩稳定易取色，可增补替换，分半块装及全块装。高品质的颜料质地细腻，色彩鲜明，可根据不同作画习惯与频率选择适合的颜料。如图 2.1.6

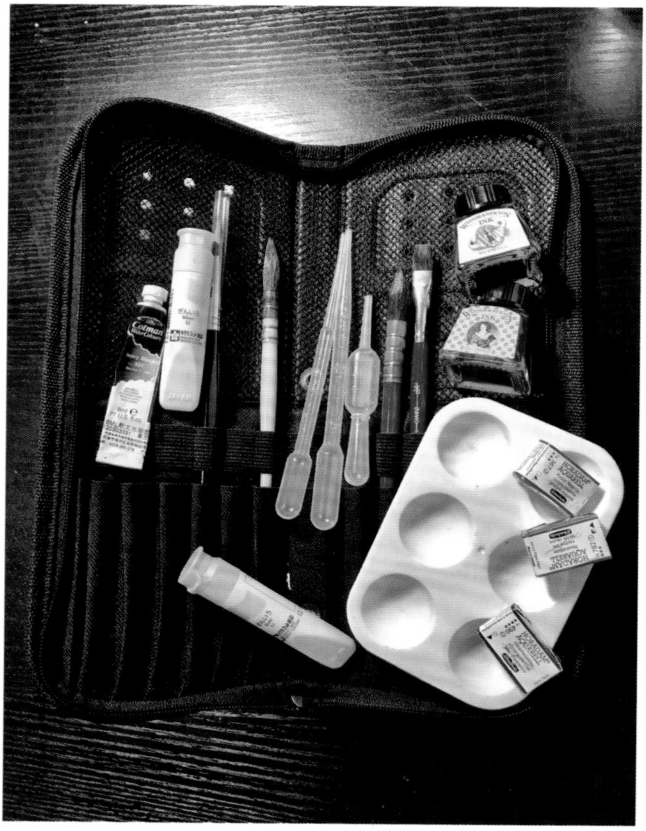

图 2. 1. 6 管状水彩颜料、液态水彩墨水和块状水彩颜料

4. 辅助材料

绘制水彩插画时，常常会用到一些其他的辅助材料。如图 2.1.7

①水彩盐：制造水彩水花肌理。

②防水黑墨水：可加水稀释用于预先处理轮廓或绘制完成后加深画面黑色部分。

③高光白墨水：具有极白的颜色和极强的覆盖性能，用于水彩画面完成后点出高光。

④希腊海绵：用于制造画面肌理或吸去画笔多余水分。

⑤留白胶：水彩颜料上色前将希望留白的部分用留白胶预先描绘一遍防止上色。

⑥硅胶笔：留白胶专用。

⑦猪皮胶：不伤纸，用于擦除留白胶。

⑧大排刷：用于裱纸刷水或刷去橡皮屑。

⑨沉淀媒介液：调色时加入可增加水彩颜料沉淀肌理。

图 2.1.7 辅助材料

二、上色技法

水彩画技法丰富，常用于时尚插画的上色技法主要有晕染法、层叠法、干蹭法和滴流法等。

1. 晕染法

晕染法属于水彩湿画法，主要是借助水彩的流动性，先将要晕染的部分用清水湿润，然后在纸面干燥之前慢慢晕染颜色，消除笔触，使所绘部分呈现出柔和渐变的效果。在晕染过程中还可加入不同颜色使之自然过渡。晕染法适合表现轻盈柔软的服装面料或抽象的图案，也可用于背景上色。如图 2.2.1

2. 层叠法

层叠法是在纸面上由浅到深多次叠加上色，丰富画面的色彩层次，每一次上色都是在干透的底色上进行并留下笔触。使用层叠法着色需要注意每一层颜色应该比前面的色层所含水分更少，以便保持颜色的浓度。如图 2.2.2

图 2.2.1 不同色彩的晕染过渡变化

图 2.2.2 使用层叠法绘制的礼服插画

①温馨（Shinn Wen），毕业于清华大学美术学院，服装设计硕士学历。是一位活跃在国际时尚插画行业的中国时装插画艺术家。曾在广东、香港等地从事服装设计和研究工作，后任教于湖北美术学院服装设计专业。她于 2014 年开创 Instagram 账号（ruthless_wen），工作之余从事时尚插画创作，创作题材类型广泛。近年来与欧美、澳洲、中东和亚洲本土的时尚品牌、媒体合作，客户名单中不乏国际一线品牌。

3. 干蹭法

干蹭法是运用干燥的笔头在纸面上留下纸纹肌理，以达到想要的画面效果。干蹭法的要点是在画笔调和好色彩以后，用抹布吸去多余的水分再着色。如图 2.2.3

4. 滴流法

滴流法是通过甩笔、弹笔、抖笔、吹风和翻转画板等方式控制水彩颜色的流向，达到流动、即兴的效果。使用不同型号的毛笔进行弹笔可以出现不同大小的色滴。如图 2.2.4

温馨[①]

图 2.2.3 利用干蹭法绘制的带有硬朗犀利之感的背景

图 2.2.4 翻转画板形成的滴流法

三、水彩礼服插画教程

绘制水彩礼服插画时应先完成铅笔稿，大致预设出整幅作品的色调，而后遵循由浅色至深色，由大面积色彩至小面积色彩的顺序来上色。

案例 1

萱萱（Xuaner Liu）绘。北京服装学院硕士研究生，曾赴丹麦皇家艺术学院游学交流学习，并与康奈美术家协会主席Lars Rvan、英国皇家美术学院 Fia Hjordis Tegsell 共同学习工作。作品被多次展出，是第四届中国浙江畲族服装大赛金奖获得者，获得最具市场潜力设计师称号。

第一步：绘制水彩插画时起稿建议使用HB自动铅笔，下笔力度要轻，这样有利于后期上色。在确定好整个比例关系之后，使用棕色防水的0.05mm勾线笔将画好的铅笔线稿勾勒出来。之后擦掉铅笔稿，确定最终线稿。这里要注意起稿不要频繁使用橡皮擦，否则之后上色时会出现斑驳的情况。

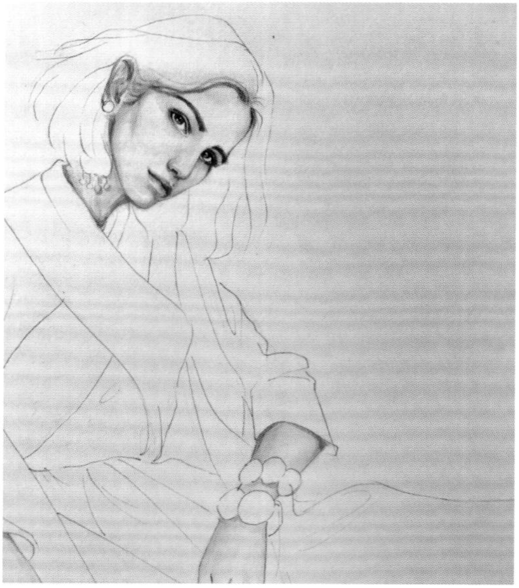

第二步：刻画脸部及皮肤部分。朱红加中黄调和出合适的肤色，第一遍铺上皮肤的固有色。稍微加一点红色，这样就可以避免偏黄。接着加入玫瑰红等刻画五官及脸部结构。颜色从浅至深，加入熟褐刻画上眼线等这种颜色较深的地方。

第三步：刻画头发。使用熟褐加紫色加水画出头发浅色部分，然后再加入褐色刻画头发的暗部。画出头发的蓬松感，不要贴在头皮上。并且为耳环上色。

第四步：服装部分。先画服装颜色最浅的部分，也就是印花的部分，定好花卉的大概位置，涂上花朵的固有色就可以画衣服的蓝色了。在画衣服的时候注意留出印花的大概位置，不用画的太细，放松一些画面会显得更生动。这里要注意的是，水彩中的颜色最好不要直接画在画面上，需要与其他颜色进行调和，一般调和 1~2 种颜色最佳。

第五步：画出服装的皱褶、明暗体积，注意服装皱褶与人体的关系，皱褶的存在是为了更好的表现人体动态。没用的皱褶简化或者不画。例如腿部、胳膊、肩膀等结构点支撑的地方需要利用皱褶体现出来。

第六步：在画好体积感的基础上深入刻画服装的印花部分，先用重色区分花朵和花瓣，然后加上花蕊的黄色和叶子的绿色。用高光笔或者高光墨水提亮花朵亮的边缘。

第七步：配饰包包的绘制和整体效果的调整。包包作为一块重色在画面上很重要，注意包包的透视、材质和硬度的表现。利用高光笔点出包包的反光部分。然后调整整个画面，注意画面的主次关系。重要的、需要突出的位置继续刻画，不重要的不需要突出的位置简单些即可。深色的部分再次加重，统一细碎的笔触，根据效果加上喜欢的背景。一张精美的时尚插画就完成了。

案例 2

第一步：用铅笔勾勒轮廓，画好草稿。

第二步：用粉色和橙色为皮肤上色，在嘴唇和眼尾加入一点红色。顺便为头上的花朵装饰画上淡淡的粉色。

杜颜·黎（DuyAnh Le）绘。平面设计师，时尚插画师。他画画多年，2017 年开始绘制时尚插画，常用的绘画媒介是水彩。对他来说，时尚是一个广阔而绚烂的世界，他热爱时尚，并想成为这个精彩世界中的一部分。他正处在塑造自身风格的过程中，希望能在未来走得更远。

第三步：用棕色为头发和面部的其他部位增加阴影，例如鼻子、眼睛和嘴唇的位置，继续为花朵增加色彩层次。记得通过调节水量来控制色彩的浓度！

第四步：用粉色和少许紫色来填充礼服的底色，然后在礼服的暗部加入一点深蓝色。为模特身后的背景植物描好轮廓线。

第五步：画出裙身上的图案。注意这些花朵和叶子在明暗环境中和透明花边下的细微颜色变化。

第六步：为背景上色，画一些花草会让画面更加生动。上色的规则是先绘制前景，然后再填充细节。

第七步：为背景的暗部上色，签好名字，这幅礼服插画就完成了。

作品名称： Anna Dello Russo 礼服 **插画师：** 温馨 **国家：** 中国

绘画灵感来源于 2012 年 11 月的 W 杂志上的 Anna Dello Russo 礼服。

作品名称：Elie Saab高级定制礼服 插画师：温馨 国家：中国

刻画这种带有光泽感的面料时，需要用较深的底色来衬托。

作品名称： Dior 2017 秋冬高级定制礼服 **插画师：** 温馨 **国家：** 中国

绘制这幅作品时要注意控制色彩和水量，才能准确地渲染出面料的质感。

作品名称： Dior 2017 秋冬高级定制礼服 **插画师：** 温馨 **国家：** 中国

适当的背景渲染，有助于插画的氛围塑造。

作品名称：Alberta Ferretti 礼服　插画师：温馨　国家：中国

插画师用叠加渲染的方法来塑造形体，红色与金色的搭配非常华丽漂亮。

作品名称：Alberta Ferretti 礼服 插画师：温馨 国家：中国
Alberta Ferretti 2017 合作时装插画，礼服上下两部分的不同质感要区分开。

作品名称： Paolo Sebastian 2018 春夏系列礼服『很久以前』 **插画师：** 拉蒙纳·施塔夫 **国家：** 瑞典

由高级时装设计师保罗·塞巴斯蒂安（Paolo Sebastian）为 2018 春夏系列设计的一款梦幻礼服的水彩插画。

作品名称： Dolce & Gabbana 2018系列礼服 **插画师：** 姜灵钰 **国家：** 中国
网红明星走秀系列，这幅作品注重表现对面料花纹的绘制。

作品名称：红色轻纱礼服 **插画师：**姜灵钰 **国家：**中国

红色并非千篇一律，在细节中可以发现红色在光影中呈现的细微色彩变化。

作品名称： We Couture 2017 系列礼服 **插画师：** 姜灵钰 **国家：** 中国

这幅作品着重表现层纱质感，纱面上的点点需要耐心细致的描绘。

作品名称：一字领蓝色礼服 **插画师：**萱萱 **国家：**中国

花朵是礼服设计中的常见元素，这件礼服以立体花卉镶嵌全身，打造出如仙子般的唯美与精致。

作品名称：鸵鸟毛薄纱礼服 插画师：萱萱 国家：中国

明暗对比强烈，结合使用高光墨水，表现出礼服的丰富层次。

作品名称：清新的粉色礼服 插画师：萱萱 国家：中国

使用干湿结合画法绘制的双人礼服插画。先用湿画法打底，然后勾勒出不规则的花纹，打造画面的节奏感。

作品名称： 印花礼服 **插画师：** 萱萱 **国家：** 中国

花朵的表现是这件服装的重点，散落的花瓣更增添了浪漫的气息。

作品名称： Azzaro 2018 秋季系列 **插画师：** 萱萱 **国家：** 中国

绘制时需要注意裙摆的色彩渐变和体积感的塑造，有趣的是滴落的色彩被改造成落叶，反而为画面增添了一丝意味。

作品名称：Elie Saab 2017 秋季高级定制礼服 插画师：萱萱 国家：中国

Elie Saab 2017 秋冬高定系列异域风情扑面而来，金色丝线在其中的巧妙串联恰到好处。

作品名称：印花礼服　**插画师：**萱萱　**国家：**中国

水彩绘制。绘制这幅作品的要点是要画出模特慵懒、放松的姿态，服装上的印花和配饰也是需要重点刻画的地方。

作品名称：Pamella Roland 2018早秋系列礼服 **插画师：**萱萱 **国家：**中国

水彩绘制。设计师在这一季的服饰解构中运用灰色系使明暗效果看起来更有张力，绘画时也要注意明暗关系的转折变化。

作品名称：J. Mendel非公开时装展示会系列 **插画师：**萱萱 **国家：**中国

水彩绘制。绘画重点是准确表现出皮草的质感。

作品名称：Viktor & Rolf 2018 秋季高级定制礼服 插画师：杜颜·黎 (@duyanhle9) 国家：越南

时尚插画作品既要包含细节又不能让观众感到画面过满，可以借助湿画法，让颜色在纸上自由呈现。

作品名称：Dolce & Gabbana 2018 秋季成衣 插画师：杜颜·黎 (@duyanhle9) 国家：越南

豆子图案真的很难画，这幅插画花费 20 个小时完成。耐心和努力是必须的付出，还需要注意微小的细节。

作品名称：Dolce & Gabbana 2018 秋冬高级定制礼服 **插画师：**杜颜·黎(@duyanhle9) **国家：**越南

这幅插画绘制耗时一天。无须画出每一朵花的细节，而是要关注整体的画面，这样观众就不会觉得画面过满。

作品名称： Alexander McQueen 2018 秋季成衣 **插画师：** 杜颜·黎（@duyanhle9）**国家：** 越南

绘制背景的时候可以加入一点变化。选择蝴蝶图案是因为它更能表达这个系列的精髓。

作品名称：Rodarte 2019 春季成衣 插画师：杜颜・黎 (@duyanhle9) 国家：越南

水彩绘制。上色时要一层一层地由浅至深细细描绘。

作品名称：Paolo Sebastian 2018 高级定制礼服 插画师：杜颜·黎（@duyanhle9）国家：越南

在模特身后画上一些美丽的花卉，有助于增添画面温柔可爱的氛围。

作品名称： Marchersa 2018早秋系列 **插画师：** 杜颜·黎(@duyanhle9) **国家：** 越南

针对这种非常特别的雪纺材料，要分多层上色，并且每层颜色要薄。

作品名称： Alberta Ferretti 礼服 **插画师：** 利・特隆（@FoxTLy） **国家：** 加拿大

Alberta Ferretti 品牌设计风格鲜明，充满浪漫气息。晕染技法的运用使这幅作品很有个人特色。

作品名称： Alberta Ferretti 限量版礼服 **插画师：** 利·特隆（@FoxTLy） **国家：** 加拿大

这幅作品重点表现礼服面料轻透柔软的质感，以及蕾丝、褶皱等细节都表现得很到位。

作品名称： Gucci 2016 秋冬高级成衣 **插画师：** 朱易（@钮祜禄嬛朱君） **国家：** 中国

灵感来自于 2016 年 Gucci 秋冬高级成衣发布会秀场，运用不同颜色的水彩绘制出一条绚丽的纱裙，细腻地勾勒出服装上精致的刺绣图案。

作品名称：Dolce & Gabbana 2018 秋冬高级成衣 **插画师：**朱易（@钮祜禄嬛朱君）**国家：**中国

灵感来自于 2018 年 Dolce & Gabbana 秋冬高级成衣发布会秀场，通过水彩勾勒出服装上细腻的印花图案。

作品名称： Oscar de la Renta 礼服 **插画师：** 朱易（@钮祜禄嬛朱君）**国家：** 中国

灵感来自于发布会秀场，运用大红色绘制整条礼服裙，简约大气，时尚典雅。

作品名称： Elie Saab 2017 秋冬高级定制礼服 **插画师：** 朱易（@钮祜禄嬛朱君） **国家：** 中国

灵感来自于 2017 年 Elie Saab 秋冬高级定制发布会秀场，通过水彩的厚薄来表现丝绒和薄纱材质。

作品名称：Zuhair Murad 2017 春夏高级定制礼服 **插画师：**朱易（@钮祜禄嬛朱君）**国家：**中国

灵感来自于 2017 年 Zuhair Murad 春夏高级定制发布会秀场，水彩绘制完成底色以后，在服装上增添亮片元素，使礼服更加闪耀。

作品名称： Giambattista Valli 2014 秋冬高级定制礼服 **插画师：** 朱易（@钮祜禄嬛朱君） **国家：** 中国

灵感来自于 2014 年 Giambattista Valli 秋冬高级定制发布会秀场，裙身上的印花渐变图案需要耐心细致的点缀完成。

作品名称：Zuhair Murad 2016 秋冬高级定制礼服 **插画师：**朱易（@钮祜禄嬛朱君）**国家：**中国

灵感来自于 2016 年 Zuhair Murad 秋冬高级定制发布会秀场，运用水彩表现高级定制中的手工钉珠细节，体现出服装的高贵华丽。

作品名称：Zuhair Murad 2017 春夏高级定制礼服 插画师：朱易（@钮祜禄嬛朱君）国家：中国
灵感来自于 2017 年 Zuhair Murad 春夏高级定制发布会秀场，运用水彩表现丝绸与纱两种材质。

作品名称：飘 插画师：金子 国家：中国

绘画时要注意描绘出轻盈的仿羽毛材质在行走间展现的飘逸自然的动态。

作品名称：Marchesa 礼服 插画师：奥尔加·阿诺德（@lumikene） 国家：德国

只要穿着得体，世界会向你敞开。清透的水彩非常适合表现这种层叠的轻纱。

作品名称：白色礼服 **插画师：**奥尔加·阿诺德（@lumikene） **国家：**德国

白色的礼服在不同的位置和光照下，仍然会呈现细微的色彩差别。绘画时需要进行仔细的观察。

作品名称：Michael Costello 礼服 **插画师：**奥尔加·阿诺德（@lumikene） **国家：**德国

穿着 Michael Costello 礼服的凯利姆·斯图尔特（Kelliem Stewart）看起来完美无瑕。

作品名称：酒会礼服　**插画师：**玛丽安娜·马尔什　**国家：**乌克兰

插画描绘的是戴着柠檬帽、穿着晚礼服的女孩。

作品名称：乌克兰女孩 插画师：玛丽安娜·马尔什 国家：乌克兰
穿着带有乌克兰民族刺绣特色礼服的女孩。

作品名称：Valentino 礼服和蝴蝶 **插画师：**须晓韵 **国家：**美国

2018 年 Valentino 秋冬系列的三件高级定制礼服。为 2018 年 9 月的 Drawadot 公开赛创作，最终成功入围决赛。

第三章
马克笔礼服插画

马克笔的名称源自其英文名称marker,具有作画快捷、色彩丰富、表现力强等特点，是一种速干、色彩稳定性高的绘画工具。在风格塑造上，既可以粗犷外放，又可以细致内敛。

一、工具材料

马克笔根据墨水来分，有油性马克笔、酒精性马克笔和水性马克笔之分。由于最初的油性马克笔含有对人体有害的成分，所以经过改良之后是以酒精作为溶剂的,因此现在所说的油性马克笔确切地说应该叫做“油性颜料酒精溶剂马克笔”，也就是大家口中常说的油性马克笔。油性马克笔色彩鲜艳，饱和度高，且防水、快干、上色均匀、笔触痕迹少，颜色不易晕开。水性马克笔则色彩饱和度相对低一些,没有油性色彩鲜艳。不防水，颜色易晕开，反复叠色的话画面易脏。所以针对画面的掌控和表现，油性马克笔相对来说更方便一些。除此之外，绘制马克笔礼服插画还会用到其他一些工具，如勾线笔、高光笔、橡皮、美文笔和配合马克笔上色的水彩笔或者彩铅等。如图 3.1.1

图 3.1.1　绘制马克笔时尚插画的常用工具。

①法卡勒马克笔，产自中国的酒精性马克笔，价格合理，颜色近似于水彩，效果很好。
②斯塔彩色勾线笔，水性墨水，无气味，色彩丰富。适合用于为插画勾边。
③慕娜美水彩笔，水性纤维笔头，通过调节握笔姿势可画出不同粗细的线条。颜色漂亮，下笔流畅不断墨，可用来配合马克笔绘制时尚插画。
④ COPIC 马克笔，产自日本，是一种酒精性马克笔。色系齐全，颜色细腻饱满，速干，混色效果好，价格较贵。
⑤吴竹美文笔，笔身轻巧舒适，笔尖有弹性，适用于画面签名等需要书写的部分。
⑥吴竹勾线笔，防水，适用于勾线及细节描画。
⑦三菱高光笔，点缀画面高光及反光，覆盖效果好。
⑧施德楼勾线笔，笔尖型号有多种规格可选，墨水具有防水能力，色彩稳定不易褪色。
⑨蜻蜓橡皮，一种笔式橡皮，可以准确擦拭细节部位、制造高光效果等。橡皮芯可替换。

二、上色技法

使用马克笔绘制插画下笔要迅速、流畅，使笔头与纸张呈 45 度斜角，根据线条的方向选择得力的握笔方式，排笔的时候用力要均匀，组织好笔触的衔接和线条的变化，不要画得刻意、死板。上色的层数不宜过多，否则画面会显得脏乱。充分利用笔头的粗细之便，根据画面需要画出粗细不同的线条来，通过各种排列组合方式表现色彩明暗关系，塑造立体感。

1. 笔触运用

使用马克笔在纸面画上一笔，你会发现落笔的起点和停笔的终点相对颜色较深，而线条的中间部分颜色则较浅，马克笔插画作品中的由明到暗、由冷到暖的过渡，正是通过这些深浅变化的笔触堆砌而成。如图 3.2.1

笔触运用的方式通常有如下几种。

点笔：多用于一组笔触排布后的点睛之处。

线笔：线条表现为粗细、长短、疏密、曲直等对比变化。

排笔：相同笔触的重复排列，可用于大面积上色。

叠笔：指笔触的叠加，体现色彩的层次变化。

乱笔：形态不定，多用于画面收尾。虽然叫乱笔，但是实际上插画师对画面全局有着整体的把握，体现的是插画师作画时的心态与感受。

图 3.2.1 梅利克·斯特里特作品。马克笔的笔触效果

2. 色彩搭配

在色彩搭配上，要注意色彩的协调性。上色时色彩的选择，最好以实物或照片为参考。当对色彩有了一定的认识和理解之后，可以进行适当的夸张，让画面色彩更具冲击力。马克笔在色彩上可分为红色系、黄色系、蓝色系、绿色系、灰色系、棕色系这六大色系，其中灰色系的应用是比较多的。灰色系同其他色系一样，也有冷、暖、中性色之分，将其与其他色系的颜色叠加，就会呈现出不同的色彩饱和度和明暗变化。

色彩的叠加，要在前一层颜色干透的基础上进行。使用单色马克笔进行色彩叠加，一般至少可以画出 3 层色彩的深浅变化，让色彩过渡的效果更细腻自然。同色系色彩的叠加，能够加深色彩层次、增强明暗关系。不同色系色彩的叠加，会产生间色，令画面色彩变化丰富。但是需要注意的是，色彩叠加的层次不能太多，避免颜色变脏、纸面起毛。画面的高光及反光部分可以给与留白，增强立体感和层次感。如图 3.2.2

图 3.2.2 梅利克·斯特里特作品。马克笔单色叠加、同色系叠加、不同色系叠加效果

3. 上色顺序

使用马克笔绘制时尚插画，下笔之前要对运笔的方向、笔触的长短、色彩的选择都要考虑清楚，无须回避笔触或遮盖笔触，下笔时一定要准确、肯定，不拖沓。马克笔的笔头主要有粗头、细头、软头、圆头等几种，大部分是双头笔，粗的笔头用来大面积铺色，细的笔头用于细节刻画。在作画过程中，要放眼整体，而不能过度迷恋于局部。避免陷入局部过度深入、与整体效果不协调，却又无法修改的窘境。由于马克笔的覆盖性较弱，浅色无法覆盖深色，所以上色时应该遵循先浅色后深色的上色顺序。如图 3.2.3

图 3.2.3 萱萱作品。先浅后深的上色顺序

三、马克笔礼服插画教程

案例 1

第一步：用自动铅笔先画好重心线，重心脚要落在重心线上。再确定肩线和臀围线的位置。最后从头到脚画出整张图的线稿。注意铅笔线稿不要画的太实，手要松一些。

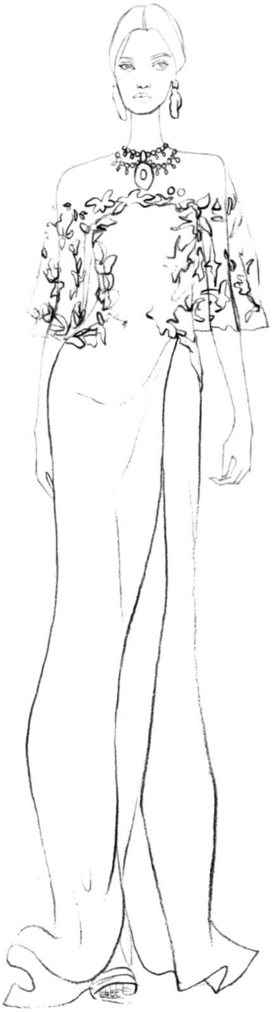

第二步：用肉色纤维笔画出肤色的线稿部分，衣服用同色系的彩铅勾线。线条要流畅，有轻重变化。

彭鑫（Fsinx）绘。北京服装学院服装艺术设计硕士，热爱服装设计教育行业，曾任教于北京服装学院继续教育学院、江西服装学院。同时也担任了多家设计公司与机构的服装设计讲师一职，以及与出版社合作等，设计实践和教学经验都较为丰富。

第三步：用宽头肤色马克笔先平铺肤色的部分，再用细头肤色马克笔加深暗部。

第四步：用更深一度的肤色马克笔加深肤色暗部，为头发上色，注意留好头发的高光。

第五步：平铺钉珠图案的部分，裙身画出暗部的阴影，亮部留好高光，表现出丝绸礼服的光泽感。服装和皮肤交界的地方都需要有投影。

第六步：用黑色针管笔加深亮部的外轮廓线，注意勾线要有轻重变化。为礼服的暗部上色。

第七步：继续加深礼服的暗部颜色，注意色彩随光影有明暗轻重变化。钉珠的位置用白色涂改液笔点上高光。

第八步：调整整体的明暗关系，并用黑色彩铅为礼服的外轮廓勾线，作品完成。

案例 2

第一步：先用铅笔起草，再用斯塔勾线笔勾出轮廓线，然后擦掉铅笔稿。

第二步：使用copic软头马克笔的樱桃白、粉红、玫瑰红色（R000、R01、R02）由浅至深地填涂肤色，绘制出人体的体积感。

第三步：用较细的勾线笔勾画五官，选用黄色和棕色的马克笔平铺头发，然后再用勾线笔细化发丝。

第四步：开始绘制裙子的部分。先用粉色和深蓝色马克笔的粗头部分进行大面积上色，绘制出裙子的体积感，注意控制笔触，使纱裙若隐若现的透出人体的轮廓，再用勾线笔绘制细腻的细节部分，最后用高光笔点缀提亮。

第五步：为画面添加适当的背景，注意背景的色彩选择应当与主体人物相协调。

金子（vivi）绘。生于1995年，狮子座。毕业于四川美术学院，是一名喜欢创作、热爱生活的服装工作者，擅长彩铅、马克笔、水彩、数字绘图等各种形式的时装插画。

作品名称： Ralph & Russo 2015 春夏系列 **插画师：** 亚伦（@Arron Lam A Luan） **国家：** 越南

这一季的 Ralph & Russo 大量应用花朵元素，展现出性感、华丽、优雅的高贵女士形象。

作品名称：Elie Saab 2014–2015 秋冬高级定制系列 插画师：亚伦（@Arron Lam A Luan）国家：越南

插画师在圣诞节期间绘制的一组礼服插画作品，红色是最适合圣诞节的色彩。

作品名称：玫瑰礼服 **插画师：**厄里斯·德兰 **国家：**越南

印有红玫瑰的粉色礼服。插画师对作品进行了艺术化处理，令其更加与众不同。

作品名称：红色印花礼服 插画师：厄里斯·德兰 国家：越南

为了与礼服上的美丽印花相呼应，绘制了花卉背景来衬托整幅插画的唯美氛围。

作品名称： Alberta Ferretti 2017 春季高级定制礼服 **插画师：** 厄里斯·德兰 **国家：** 越南

插画灵感来自 Alberta Ferretti 2017 春季高级定制礼服。上身搭配皮草，裙摆装饰羽毛，体现奢华之感。

作品名称：Zuhair Murad 2017 秋季高级定制礼服 插画师：厄里斯·德兰 国家：越南
插画灵感来自 Zuhair Murad 2017 秋季高级定制礼服，呈现强烈的黑白对比。

作品名称： Elie Saab 2016 秋季高级定制礼服 **插画师：** 厄里斯·德兰 **国家：** 越南

插画灵感来自 Elie Saab 2016 秋季高级定制礼服，针对不同材质应表现出其质感，如钉珠、羽毛等。

作品名称： Elie Saab 2017 春季高级定制礼服 **插画师：** 厄里斯·德兰 **国家：** 越南

插画灵感来自Elie Saab 2017 春季高级定制礼服，注意刻画轻纱的纹理和走向。

作品名称： Elie Saab 2017 秋季高级定制礼服 **插画师：** 厄里斯·德兰 **国家：** 越南

插画灵感来自 Elie Saab 2017 秋季高级定制礼服，模特手持鲜花与背景相呼应。

作品名称：Elie Saab 2016 秋季高级定制礼服 插画师：厄里斯·德兰 国家：越南

插画灵感来自 Elie Saab 2016 秋季高级定制礼服，体现色彩的层次变化。

作品名称：Elie Saab 2017 秋季高级定制礼服 插画师：厄里斯·德兰 国家：越南

插画灵感来自 Elie Saab 2017 秋季高级定制礼服，饰有黑色羽毛。

作品名称： Elie Saab 2018 春季高级定制礼服 **插画师：** 厄里斯 · 德兰 **国家：** 越南

插画灵感来自 Elie Saab 2018 春季高级定制礼服，黑色礼服上的金色细节装饰闪闪发光。

作品名称：郭培 2017 高级定制礼服 **插画师：**厄里斯·德兰 **国家：**越南

插画灵感来自郭培 2017 高级定制礼服，要体现出裙摆层叠的体积感。

作品名称： Giambattista Vali 2016 秋季高级定制礼服 **插画师：** 厄里斯·德兰 **国家：** 越南

插画灵感来自 Giambattista Vali 2016 秋季高级定制礼服，礼服前后长短的对比设计颇具韵味。

作品名称：郭培 2017 高级定制礼服 **插画师：**厄里斯·德兰 **国家：**越南

插画灵感来自郭培 2017 高级定制礼服，刻画的重点是礼服的廓形、结构和面料光泽。

作品名称：Stefan Rolland 2018 春季高级定制礼服 **插画师：**厄里斯·德兰 **国家：**越南

插画灵感来自 Stefan Rolland 2018 春季高级定制礼服，光泽面料搭配少量不同材质的装饰。

作品名称：太阳女王　插画师：厄里斯·德兰　国家：越南

插画灵感来自Vo Cong Khanh 2017 春夏系列礼服。

作品名称：Marchesa 2018 秋冬系列 **插画师：**厄里斯·德兰 **国家：**越南

插画灵感来自 Marchesa 2018 秋冬系列礼服，需要注意图案随面料走势呈现的不规则变化。

作品名称： Do ManhCuong 灵感女神系列 **插画师：** 厄里斯·德兰 **国家：** 越南

经典的红黑搭配，丰满的花卉图案和动感的褶皱展现了插画师的高超技艺。

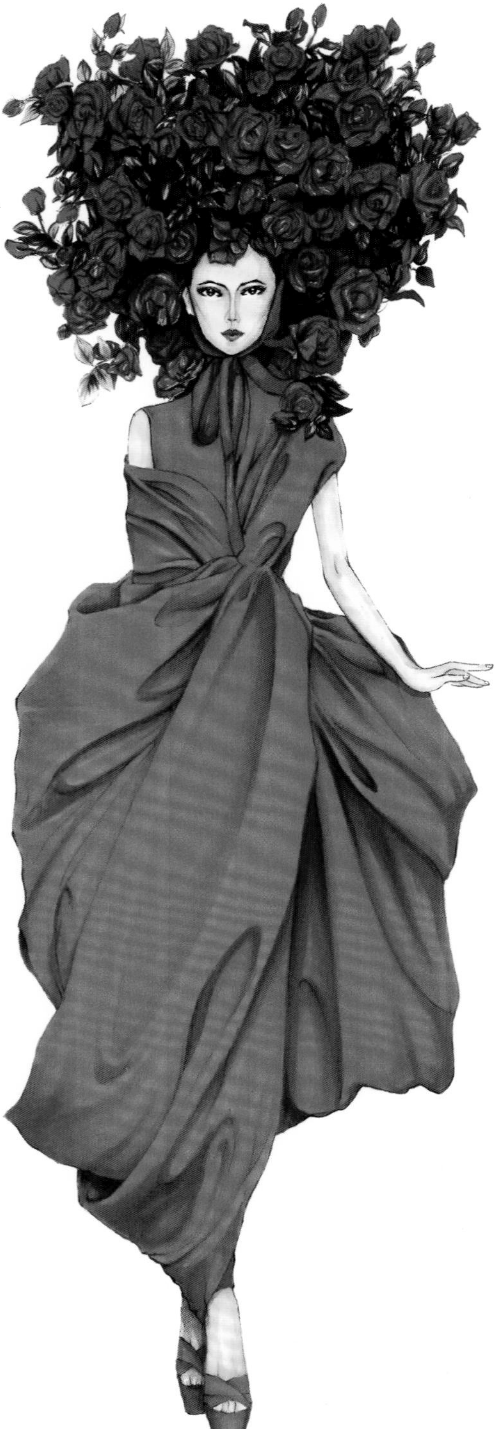

作品名称： Do ManhCuong 灵感女神系列 **插画师：** 厄里斯·德兰 **国家：** 越南

插画灵感来自越南设计师 Do ManhCuong 的灵感女神时装秀场。

作品名称：Do ManhCuong 灵感女神系列 插画师：厄里斯·德兰 国家：越南

插画真实再现了该系列礼服的形态、结构以及亮丽热情的色彩。

作品名称：Zuhair Murad 2017 秋季高级定制礼服 插画师：厄里斯·德兰 国家：越南

插画灵感来自 Zuhair Murad 2017 秋季高级定制礼服，层叠的裙摆之间有着细微的色彩变化。

作品名称：Georges Charka 2017 春季高级定制礼服 插画师：厄里斯·德兰 国家：越南

插画灵感来自 Georges Charka 2017 春季高级定制礼服。

作品名称：Alice McCall 2019度假系列『雪小姐』插画师：萱萱 国家：中国

修身的层叠蛋糕裙礼服，绘画的重点是要利用色彩的明暗变化塑造立体的视觉效果。

作品名称：流苏礼服 **插画师：**彭鑫 **国家：**中国

流苏的画法和皮草较为类似，都是先画出体积，再勾线画细节。

作品名称：钉珠皮草礼服 **插画师：**彭鑫 **国家：**中国

皮草要注意体积感，先画好明暗体积关系再勾线。钉珠的白色要够亮，暗部颜色要深下去。

作品名称：层叠流苏裙 插画师：萱萱 国家：中国

纤维笔与马克笔相结合，用线灵活表现出服装在行走过程中的动态。

作品名称：修身长袖礼服 插画师：萱萱 国家：中国

马克笔打底，结合纤维笔与彩铅勾勒出礼服的图案细节。

第四章
彩铅礼服插画

彩铅插画之所以独特，是因为它既有素描的细腻笔触，又有色彩的姹紫嫣红。将水溶彩铅和油性彩铅相结合可以描绘出许多不同的质感，具有极强的表现力。

一、工具材料

彩铅是一种半透明材料，虽然一盒彩铅的数量有限，但是通过对色彩的叠加和下笔力度的控制，会呈现非常丰富的色彩变化。绘制彩铅时尚插画所用的工具并不复杂，常用的有水溶彩铅、油性彩铅、水彩笔、棉签等。如图 4.1.1

①水彩笔：用于蘸取清水对水溶彩铅进行溶释，使画面色彩变得柔和而富有变化。

②水溶彩铅：比较难形成平润的色层，容易形成类似水彩画的色斑。适用于大面积铺色，但是对纸张有一定要求。

③油性彩铅：油性细腻，色彩饱和度高，适合用于刻画细节，表现效果好。

④棉签：用于对油性彩铅刻画的部分细节进行擦拭，使画面笔触更柔和。

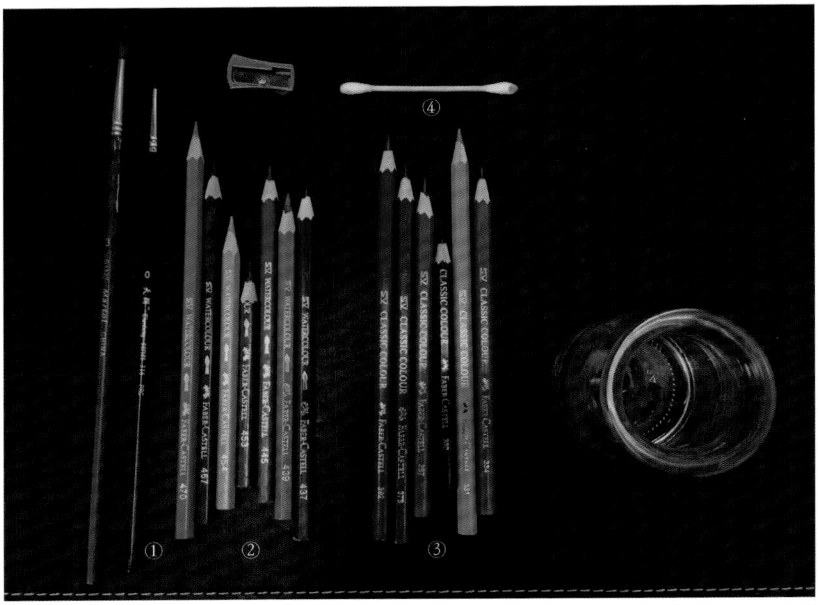

图 4.1.1 绘制彩铅时尚插画的常用工具

二、上色技法

使用彩铅上色需要耐心地、一层层地涂，这个过程中需要控制好下笔的力度和色彩的变化。比如以蓝色举例，力度轻时表现为浅蓝色，力度重时表现为深蓝色，控制好从浅蓝到深蓝的渐进变化，画面才不会显得呆板和平面化。使用彩铅绘制时尚插画常用的技法有平涂排线法、叠彩法、水溶退晕法。

1. 平涂排线法

彩色铅笔笔触轻快、线条感强，平涂排线法正是利用彩铅的这种特性均匀地排列出铅笔线条，营造整齐干净的画面效果。下笔时注意线条的方向要有一定的规律，力度要轻重适度，以保持色彩的均匀一致。同时整体上要注意对虚实、明暗关系的处理和线条美感的体现。如图 4.2.1

图 4.2.1　奥尔加·卡兹娜科娃作品。插画师使用平涂排线法绘制的皮包。

2. 叠彩法

如果只用一种颜色来上色，画面会显得非常单调，叠彩法则会让画面变得层次丰富而鲜明。叠彩法是将不同色彩的彩铅线条叠加，从而变换出另外的颜色。例如将红色和黄色叠加就会变成橙色，绿色和蓝色叠加就会变成深绿色，在实践中多加练习就会逐渐掌握叠色的变化规律。由于彩铅的半透明特性，所以上色时要遵循先浅色后深色的顺序，避免深色上浮的情况出现。如图 4.2.2

图 4.2.2 拉蒙纳·施塔夫作品。礼服上下两部分呈现两种底色，在裙身与裙摆的交接处使用叠彩法，让两种颜色可以自然地过渡。

3. 水溶退晕法

水溶退晕法是利用水溶性彩铅溶于水的特点，将彩铅线条与水融合，达到退晕的目的，它能使色彩之间呈现柔和自然的过渡效果。绘画时将水溶性彩铅按一个方向细腻、均匀地铺排，力度不宜过重，然后使用水彩笔蘸水使其产生晕染的效果。这种效果与水彩画的晕染效果类似，画面颜色清透自然，不会显得厚重。如图 4.2.3

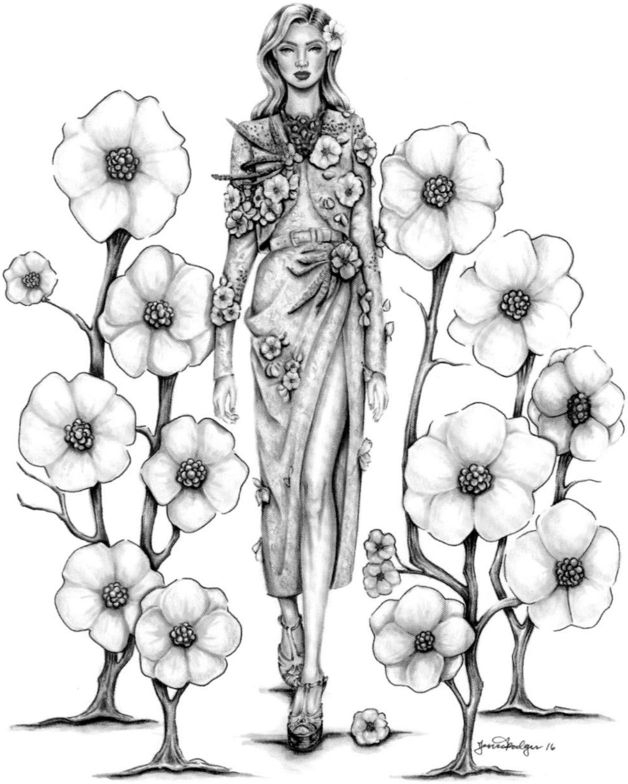

图 4.2.3 杰西卡 · 罗杰斯作品。水溶退晕法很适合用来画背景，会使画面显得细腻柔和。

三、彩铅礼服插画教程

案例 1

第一步：确定模特头部姿态造型，用 2B 自动铅笔快速抓住模特造型的特点和感觉，以及配饰的位置和大小。

第二步：用棕色彩铅提取出最终的线稿，擦掉铅笔起稿的痕迹。

第三步：先用彩铅画出大体的明暗关系，然后从眼睛开始深入刻画，上色的线条要顺着眼部结构环绕。画瞳孔时先画一层蓝色的底色，然后再用黑色深入刻画，注意要留出一部分蓝色的面积。睫毛要在画好眼眶明暗后再加上，这样画面不容易脏。

第四步：继续刻画鼻子和嘴，完成五官的上色。要注意画出明暗关系，构建体积感。

第五步：头发以及配饰的部分。先为头发示意出大体的明暗关系和发型感觉。配饰的部分需要画出配饰的硬度，与松软的头发做出区分。

第六步：刻画头发细节以及整体画面的调整。头发部分可以使用同色系的不同颜色进行上色，刻画体积感能让头发更显精致。放松手部让线条显得轻松，画出头发的蓬松感。注意配饰和头发的关系，画出配饰压在头发上的感觉。

萱萱 绘

案例 2

杰西卡·罗杰斯（Jessica Rodgers）绘。她是美国费城的时装插画师，毕业于德雷克塞尔大学时装设计专业，从事时尚插画创作十年。她的彩铅和马克笔时装插画被刊登在《炼金术士》杂志上，还曾为珠宝商伯尼·罗宾斯（Bernie Robbins）和De La Commune服装品牌创作时尚插画。此外，杰西卡还曾受邀在时尚活动中进行现场插画创作。

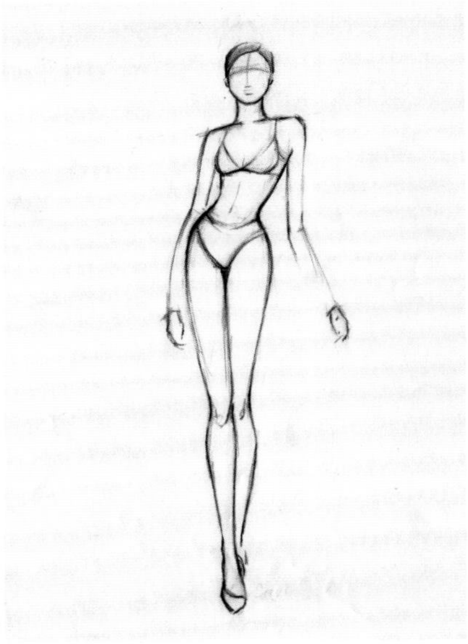

第一步：为插画创作找一幅启发灵感的图片。然后根据参考图片用软铅笔在素描纸上画出身体的草图。在时装插画中通常使用的是九头身的身体比例，即模特身高大约是9个头高。

第二步：将插画的比例和姿态调整好之后就可以开始添加细节。画上面部特征、头发细节和其他对最终完成图有着至关重要作用的服装细节，删去不需要的线条，然后用灯箱和软铅笔把草图转移到另一张干净的马克笔绘画纸上。

第三步：选择上色的彩铅。首先要选择皮肤的底色，其次是有助于加强对比度和立体感的高光颜色。在开始上色之前，一定要先在纸上进行试色。然后参考照片观察阴影和高光在人体上的位置，为插画中的皮肤部分轻轻上色。

第四步：为礼服和头发上色。应该选择一些灰色调以及深浅不同的颜色，以便塑造插画的立体感。同样在上色前需要进行试色。上色时阴影区域应该选用颜色较深的彩铅上色，色彩可以浓重一些。颜色较浅的区域要选用相对柔和的颜色，也可以做一些留白。

第五步：完成初步的上色后，便可以开始为插图添加更多的阴影来塑造立体感。在这一步可以先用中间的灰色调来丰富色彩的层次和深度，再结合使用马克笔以获得更强的立体感。在这个过程中，要参考图片的光源和阴影为插画上色。

第六步：完成上述的工作后，就可以开始为画面添加最终的细节了。选用黑色和棕色马克笔的细头为插画画上干净的轮廓线，为面部和衣服画出流畅完整的最终效果。

第七步：最后为画面画上阴影或者喜欢的背景，签下你的名字，这幅插画就完成了！

作品名称：布满星星的夜空 插画师：爱丽丝·巴尔科尼 国家：意大利

灵感来自 Dior 2017 年秋季成衣系列的梦幻闪亮礼服。

作品名称：红色 Valentino 礼服 **插画师：**爱丽丝·巴尔科尼 **国家：**意大利

来自 Valentino 2018 春季高级定制系列的梦幻红色礼服，廓形硬朗，面料质感表现到位。

作品名称：紫罗兰色丝质礼服 插画师：爱丽丝·巴尔科尼 国家：意大利

出自 Valentino 2018 年春季成衣系列的优雅紫罗兰礼服，可以从线条中看出丝质面料的柔软。

作品名称：Gucci 之梦 插画师：爱丽丝·巴尔科尼 国家：意大利
来自 Gucci 2018 春季成衣系列的梦幻粉色礼服。

作品名称：Elie Saab 2014 秋冬系列礼服 **插画师：**陈伊剑 **国家：**中国

绘画时需要细致表现出皮草绒毛的走势以及裙摆面料硬挺的质感，才能达到想要的画面效果。

作品名称： Elie Saab 2014 秋冬系列礼服 **插画师：** 陈伊剑 **国家：** 中国

这款礼服的绘画重点在图案与绸缎面料的质感表达，做好裙摆印花图案与面料的明暗和层次关系，才能让图案与面料服帖不会浮于表面。

作品名称： Monique Lhuillier 2017 春夏系列礼服 **插画师：** 陈伊剑 **国家：** 中国

灰色的纱质抹胸礼服，注意画好裙摆的层次关系就能很好地表现出礼服随形而动的状态。

作品名称： Oscar de la Renta 2018 秋季礼服 **插画师：** 陈伊剑 **国家：** 中国

蕾丝抹胸搭配复古花卉图案长裙，绘制这款礼服需要耐心刻画裙摆上的花卉刺绣。

作品名称： Elie Saab 高级定制礼服 **插画师：** 杰西卡·罗杰斯 **国家：** 美国
灵感来自 Elie Saab 2017 秋冬高级定制系列。

作品名称：粉色 Elie Saab 2016 高级定制礼服 插画师：杰西卡·罗杰斯 国家：美国

插画灵感来自 Elie Saab 2016 秋季高级定制系列，背景的描绘有助于加强画面氛围。

作品名称： Christian Dior 花园魔法礼服 **插画师：** 杰西卡·罗杰斯 **国家：** 美国

插画灵感来自 Christian Dior 2017 春季时装秀高级定制时装系列，插画的背景灵感来自于美丽的花园秀场。

作品名称： Zuhair Murad 2018 春季高级定制礼服 **插画师：** 杰西卡·罗杰斯 **国家：** 美国

插画灵感来自 Zuhair Murad 2018 春季高级定制系列，礼服上的图案要随形而有所变化。

作品名称：Valentino 2018 秋冬高级定制礼服 **插画师：**杰西卡·罗杰斯 **国家：**美国

插画灵感来自 Valentino 2018 秋冬高级定制系列。背景灵感来自于费城市政厅的建筑设计。

作品名称： Elsa Schiaparelli 2017 秋冬高级定制礼服 **插画师：** 杰西卡·罗杰斯 **国家：** 美国

插画灵感来自 Elsa Schiaparelli 2017 秋冬高级定制系列。插画的背景灵感来自于该系列的细节设计。

作品名称：花冠礼服 插画师：杰西卡·罗杰斯 国家：美国

花卉是表现女性特质的极佳元素，以花为冠显得唯美又浪漫。

作品名称：樱花礼服 插画师：杰西卡·罗杰斯 国家：美国

裙摆的线条呈现行走间的动态，樱花图案让这件礼服十分惊艳。

作品名称：红色丝绒礼服 插画师：奥尔加·卡兹娜科娃 国家：俄罗斯

丝绒面料质感柔顺细腻，非常适合用彩色铅笔来表现。

作品名称：红毯礼服 **插画师：**奥尔加·卡兹娜科娃 **国家：**俄罗斯

插画师并没有采用夸张的九头身比例，而是用写实的方式呈现了这件异常华丽的红毯礼服。

作品名称：美丽的背影 插画师：奥尔加·卡兹娜科娃 国家：俄罗斯

条纹看起来很简单，但是实际上非常难画，刻画时需要注意条纹随面料起伏变化而形成的交错感和透视感。

作品名称：深V花饰礼服 插画师：奥尔加·卡兹娜科娃 国家：俄罗斯
彩铅绘制。准确的人体结构是画好时尚插画的基础。

作品名称：Orlen婚纱礼服 **插画师：**奥尔加·卡兹娜科娃 **国家：**俄罗斯

这幅插画作品的绘画重点是精致的图案和裙摆褶皱的细节处理，需要极具耐心和专注力。

作品名称：Marchesa 礼服 插画师：奥尔加·卡兹娜科娃 国家：俄罗斯

Marchesa 的礼服不仅是高级时装，而且是真正的艺术品。用插画描绘出它精致的细节和蕾丝做工，那是一种令人难以置信的快乐。

作品名称：Zuhair Murad 礼服 **插画师：**奥尔加·卡兹娜科娃 **国家：**俄罗斯

虽然都是红色，但是质感的表现是不同的。闪光的裤装礼服和皮草外套在色彩上统一，在质感上变化。

作品名称：复古与时尚 **插画师：**奥尔加·卡兹娜科娃 **国家：**俄罗斯

这幅插画作品非常写实地再现了面料的图案和质感，仿佛伸手就能触摸到真实的面料一样。

作品名称：糖果色礼服 插画师：玛丽亚·卡穆西 国家：乌拉圭

插画灵感来自Giambattista Valli品牌美丽的糖果色礼服。

作品名称：漂亮的条纹 插画师：玛丽亚·卡穆西 国家：乌拉圭
以夸张手法创作的插画，对模特的四肢进行了夸张处理。

作品名称：旖旎春色 **插画师：**拉蒙纳·施塔夫 **国家：**瑞典

这幅原创礼服插画使用彩色铅笔绘制，灵感来自于柔和的色彩和灿烂的春光。

作品名称：玫瑰 插画师：拉蒙纳·施塔夫 国家：瑞典

礼服灵感来源于瑞典美丽的玫瑰和日落天空。先用马克笔画底色，然后用彩色铅笔逐层上色。

第五章
数字绘图礼服插画

伴随科技的发展，越来越多的艺术家选择以数字绘图的方式来创作时尚插画。数字绘图最大的特点就是方便和快捷，你可以带着 ipad 轻松地在任何地方工作，而无须囿于工作室或家中。而且数字绘图具有模拟性能好、作品易于保存、修改、复制、传播等特点。

一、工具材料

1. 硬件

数字绘图离不开电脑、数位板、ipad Pro 和 Apple Pencil 等硬件设备。电脑和数位板适合在固定场所使用，比如家里或者工作室。数位板是一种计算机输入工具，就是一块手写板，但是具有感压、定位准确等多种功能，是数字绘图的理想工具。又称绘图板、绘画板、手绘板等，与压感笔搭配用于数字绘图创作，就像画家的画板和画笔一样。结合 Painter、Photoshop、SAI 等绘图软件，可以创作出各种风格的作品。Ipad Pro 和 Apple Pencil 是搭配使用的，就相当于自带显示屏的数位板和压感笔，非常方便随身携带，走到哪里就可以画到哪里。如图 5.1.1，图 5.1.2

图 5.1.1 笔记本电脑和数位板

图 5.1.2 Ipad Pro 和 Apple Pencil

2. 软件

数字绘图可用的软件很多，常用的有 Pro Create 和 Photoshop。Pro Create 是专为 iPad 而设计的，所以它充分利用了 iPad 的所有优势。它的布局设计直观、速度流畅、处理能力强大，方便艺术家们随时随地进行艺术创作。Photoshop 是功能强大的图片处理软件，可用于绘图，也可用于对艺术作品的调整和后期处理。如图 5.1.3，图 5.1.4

图 5.1.3 Pro Create 的工作界面

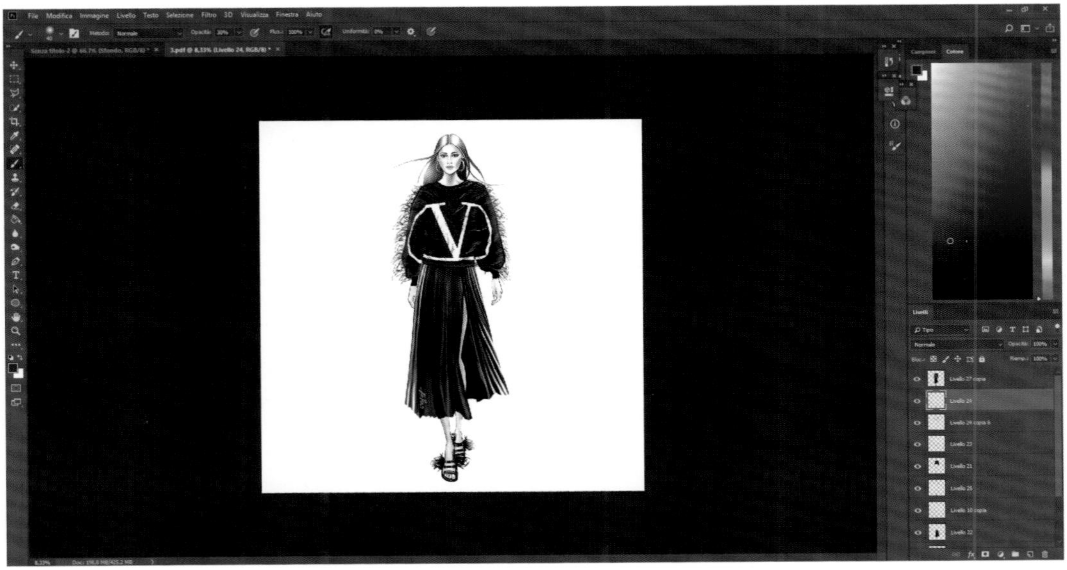

图 5.1.4 Photoshop 的工作界面

二、上色技巧

数字绘图在上色技巧方面不像其他绘画媒介有一些既定的上色方法，它是因人而异、非常个性化的。就像莎士比亚曾说，一千个人眼中就会有一千个哈姆雷特。每个插画师会有不同的上色习惯和惯用的色彩、笔触等，只要找到适合自己的方法即可。在这里简单介绍一种基础的、适合大多数初学者学习使用的上色过程。

1. 新建画布

在开始绘画之前，我们需要在软件中新建一个画布，也就是一个有具体尺寸的空白文件。可以根据画图的用处先来设定画面的分辨率和尺寸。如果是用于印刷的文件，分辨率通常需要设置得高一些，例如 300 dpi。如果只是用于练习的习作，分辨率可以设置得低一些，例如 72 dpi。然后使用数位板和压感笔勾画出草稿，并在此基础上进行多方面的调整，刻画细节，定好最终的线稿。如图 5.2.1

图 5.2.1 新建画布

2. 设定图层和笔刷

数字绘图易于修改的特点正是得益于图层的存在。为不同的部位分别建立图层，在需要修改时只要找到相关图层进行修改就可以了，而不会影响到画面的其他部位。所以，图层的建立可以根据绘画者的习惯尽可能多的细分，然后细致地依据图层的内容为其命名。关于画笔笔刷，可以根据画面需要的质感肌理来选择。比如想要画人物的皮肤，可以选择边缘柔和的笔刷；想要画水彩质感，可以选择水彩肌理的笔刷；想要画毛发，就可以选择毛发笔刷。如果软件中没有自带这些笔刷，可以在网上搜索下载，有很多软件绘画爱好者和网站，提供大量免费的笔刷素材。选择好笔刷之后，就可以为画面进行上色。压感笔是会根据使用者下笔的力度呈现不同的笔触效果的，因此前期可以多练习画一些草稿，掌握压感笔下笔的轻重虚实，再进行上色步骤。如图 5.2.2, 图 5.2.3

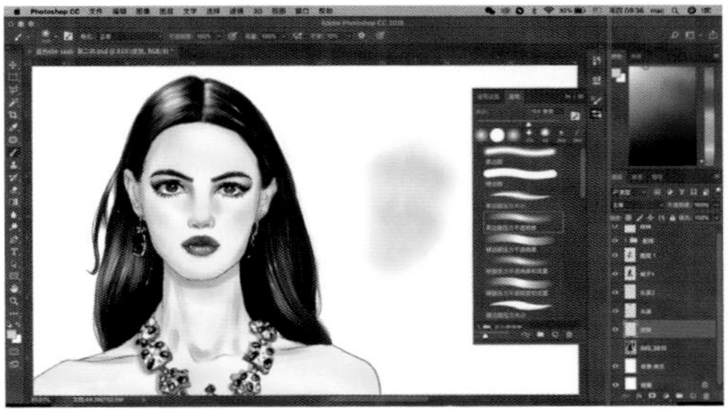

图 5.2.2 建立图层，选择笔刷

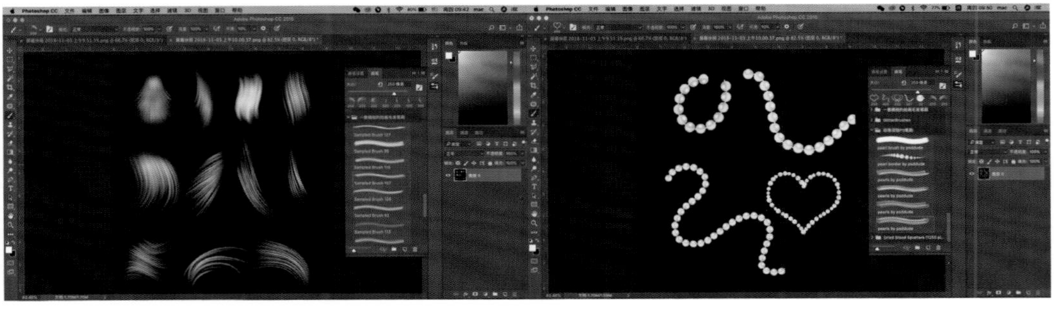

图 5.2.3 不同的笔刷效果

3. 分层次上色

进入正式的上色过程，需要对画面进行至少三个层次的刻画。首先，对服装或人物要进行整体着色，可以选择出需要上色的范围，调节好颜色，直接进行颜色填充或者画笔平涂填充。第二，在已有的底色基础上，对面料的走向、纹理等细节进行刻画，这一步需要画出面料的暗部，表现服饰的体积感。暗部并不是简单的一块暗色，它也可以分成三个层次，如浅灰色一灰色一深灰色这样多个表现层次。第三，在完成暗部上色的基础上，选择底色的同色系、亮度高一点的颜色刻画亮部，可以适当使用白色作为高光，丰富画面的层次感。如图 5.2.4

图 5.2.4 对画面层次的逐步深入刻画

①阿曼德·梅希德利（Armand Mehidri），生长于阿尔巴尼亚的年轻插画师。他在迪拜的一家时尚公司担任艺术总监和设计师，在 instagram 社交平台拥有大量的粉丝。

②杨雪莹（Sharon Yang），微博设计美学博主，数字时装画讲师。毕业于武汉纺织大学，服装设计学硕士，热爱 Photoshop 数字绘画艺术，擅长写实风格时尚插画，喜欢对时尚插画进行细节刻画。

4. 细节深入

如果服饰上有复杂的图案或面料肌理，需要单独建立面料图案或者肌理图层，然后将其填充到服饰适宜的部位。也可找寻相近的实物面料或肌理，配合使用扫描仪将面料扫描成 JPG 格式的图片，经过调整后应用到插画中。最后对整体效果做一些调整，检查一下配饰、鞋子、服饰装饰线、边缘部分等细节，进行补充完善，也可适当添加背景，之后保存好文件即可。如图 5.2.5

阿曼德 · 梅希德利①，
杨雪莹②

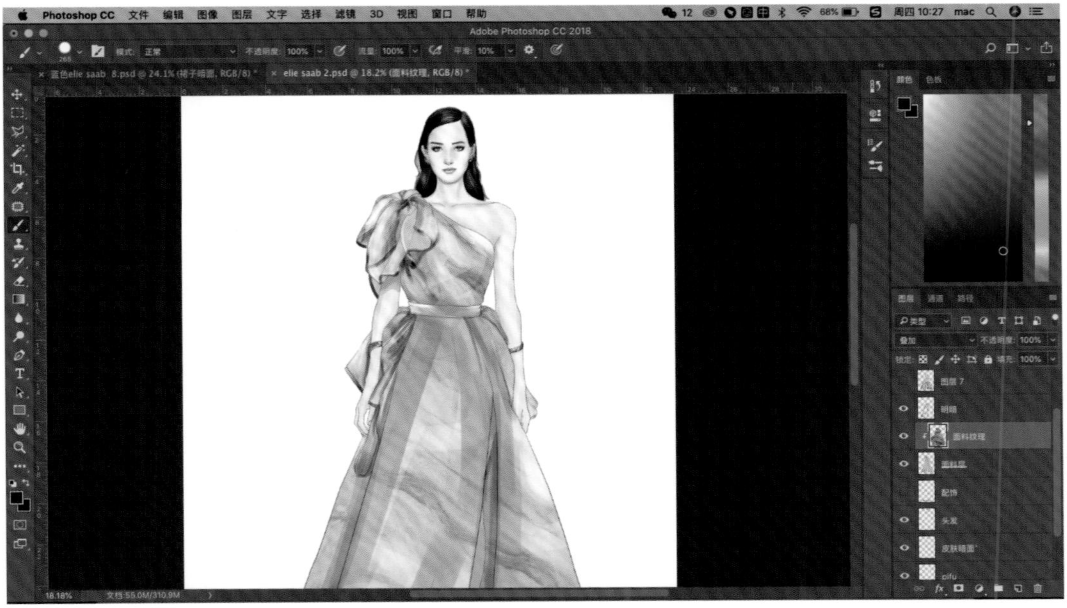

图 5.2.5 利用理石纹理制作的面料图案

三、数字绘图礼服插画教程

案例 1

第一步：首先在 Photoshop 里建立新的文件，将分辨率数值设置为 300。

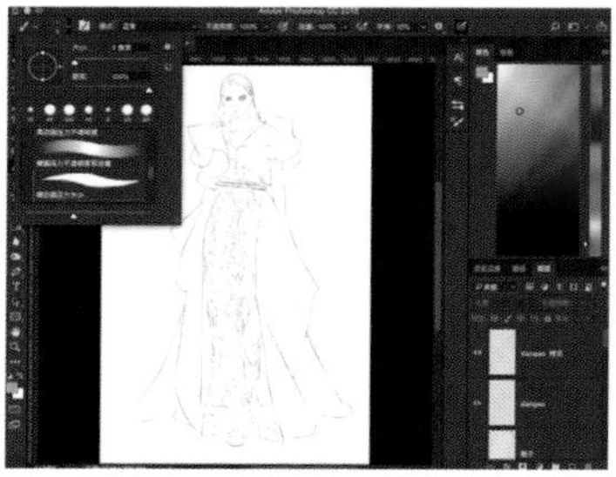

第二步：调整好画笔大小，借助数位板在 Photoshop 里画出基本线稿，并将线条整理顺畅。

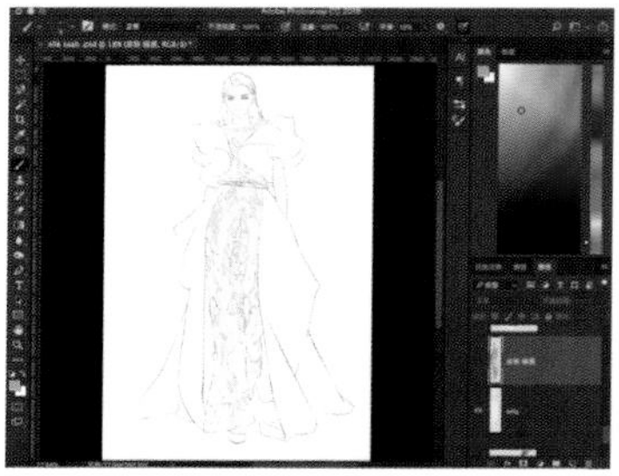

第三步：新建一个图层，命名为皮肤底色，将皮肤做出选区，并在颜色面板中选出适合皮肤的颜色进行填充。由于纱质面料比较通透，因此腿部皮肤也需要填充。

第四步：新建一个图层，命名为皮肤暗面，在颜色面板选取比皮肤底色稍重的肤色来刻画皮肤暗面，身体部分的暗面颜色更重一些。

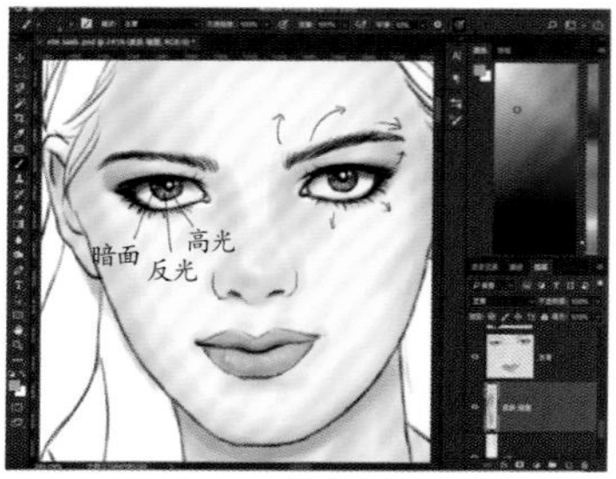

第五步：接下来新建五官图层，细致刻画五官细节。在画眉毛时，要注意眉毛的走向，不同特征的眉毛走向也略有不同；眼睛部分要区分出至少三个层次，暗面、高光和反光；睫毛也有不同的生长方向，每一根都有着轻微的弧度。

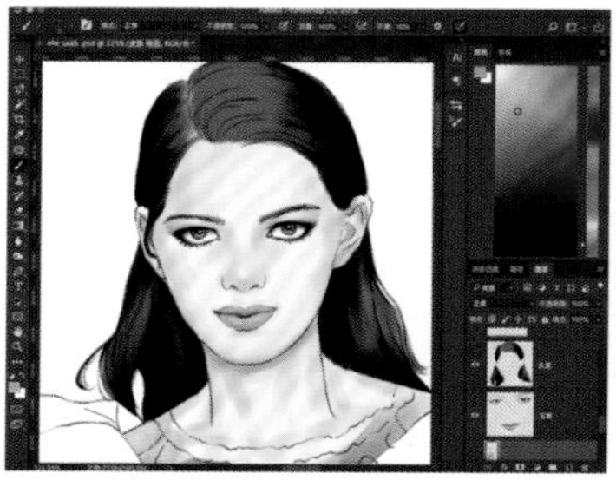

第六步：为头发部分上色。将头发看成一个整体，区分出暗面、亮面色块，再加以细节体现。

杨雪莹 绘

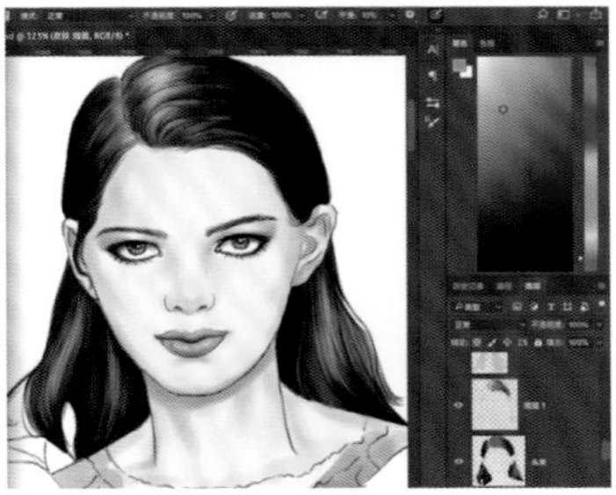

第七步：区分好头发块面后，利用纯黑色与浅黄色，有规律地勾勒亮部的发丝，以增加头发的细节部分。

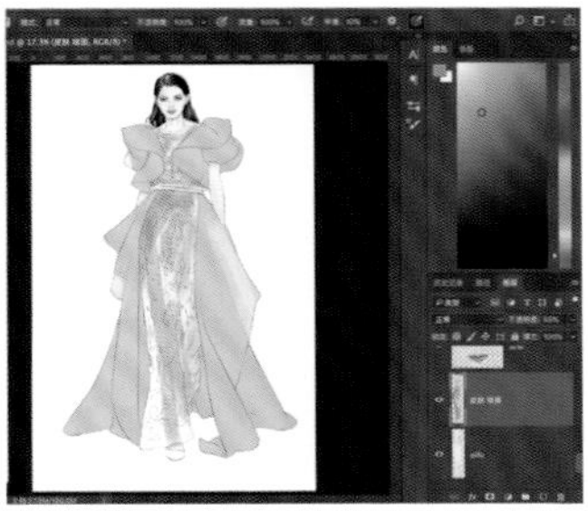

第八步：给裙子整体上色，铺设纯色作为底色。

第九步：为外层的裙摆增加暗面，以突出体积感，同时将里层的纱裙也铺上底色。

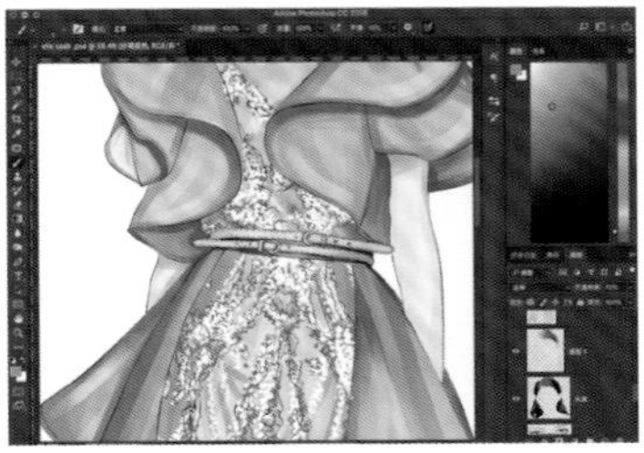

第十步：调整画笔动态及画笔间距，使用深紫色、浅紫色和纯白色三种颜色，画出水钻的闪烁效果。

第十一步：最后整体调整全图色调，适当增加明暗与高光，并保存成 PSD 格式，这张仙女图就可以完成啦。

阿曼德·梅希德利 绘

案例 2

第一步：这一步的任务永远都是绘制草稿，准确的草稿是画出精美时尚插画的基础。

第二步：为模特的面部填充底色，在这一步中，只要设置好皮肤和唇部的颜色平涂即可。

第三步：为面部画上阴影，增强面部的立体感。阴影的色彩选择要比底色深一些。

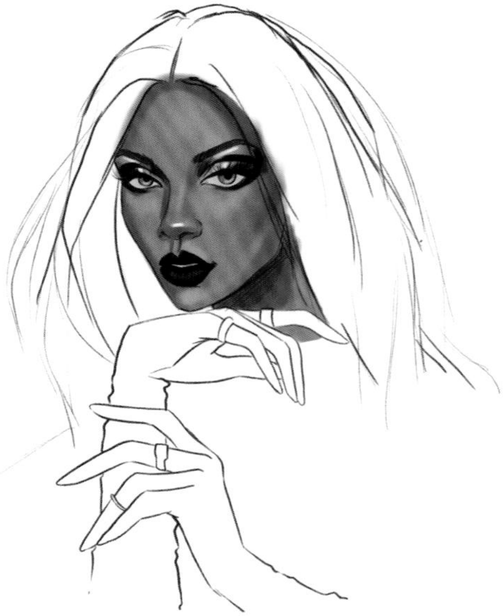

第四步：为面部添加彩妆和亮部，亮部的色彩选择要比底色浅一些。到这一步，具备了亮部、中间色调和暗部，基本上能看出面部的立体效果了。

第五步：接下来画其他的部位，也可以按照面部的上色步骤来塑造。先为头发和服饰填充底色，然后选取比底色深一些的颜色为头发、服饰添加阴影。

第六步：添加高光。这是最精彩的一步，高光使整个画面更生动。继续深入刻画细节，参考光源的照射方向和光源色彩，为受光面添加色彩细节。

第七步：为服装填充颜色并画上简单的投影和光源，这幅插画就完成了。

作品名称： Lepa Couture 2018 春夏系列米色礼服 **插画师：** 维罗妮卡·阿赫玛托娃（@AhVero） **国家：** 俄罗斯圣彼得堡时装周的 T 台灵感。

作品名称： 蓝色礼服 **插画师：** 维罗妮卡·阿赫玛托娃（@AhVero） **国家：** 俄罗斯
圣彼得堡时装周上的 Lepa Couture 2018 春夏系列 T 台灵感。

作品名称：Viktoria Fleur 2018 春夏系列礼服 插画师：维罗妮卡·阿赫玛托娃（@AnVero） 国家：俄罗斯
绘画时要注意荷叶领口的条纹随面料起伏产生的变化。

作品名称：条纹和花卉礼服 插画师：维罗妮卡·阿赫玛托娃（@AhVero） 国家：俄罗斯

亮丽的红色象征朝气和热情，背景的花朵与主体形象完美呼应。

作品名称：丝绒和羽毛礼服 **插画师：**维罗妮卡·阿赫玛托娃（@AhVero） **国家：**俄罗斯

来自 Givenchy 2018 – 2019 秋冬高级定制的 T 台灵感，材质与色彩对比突出。

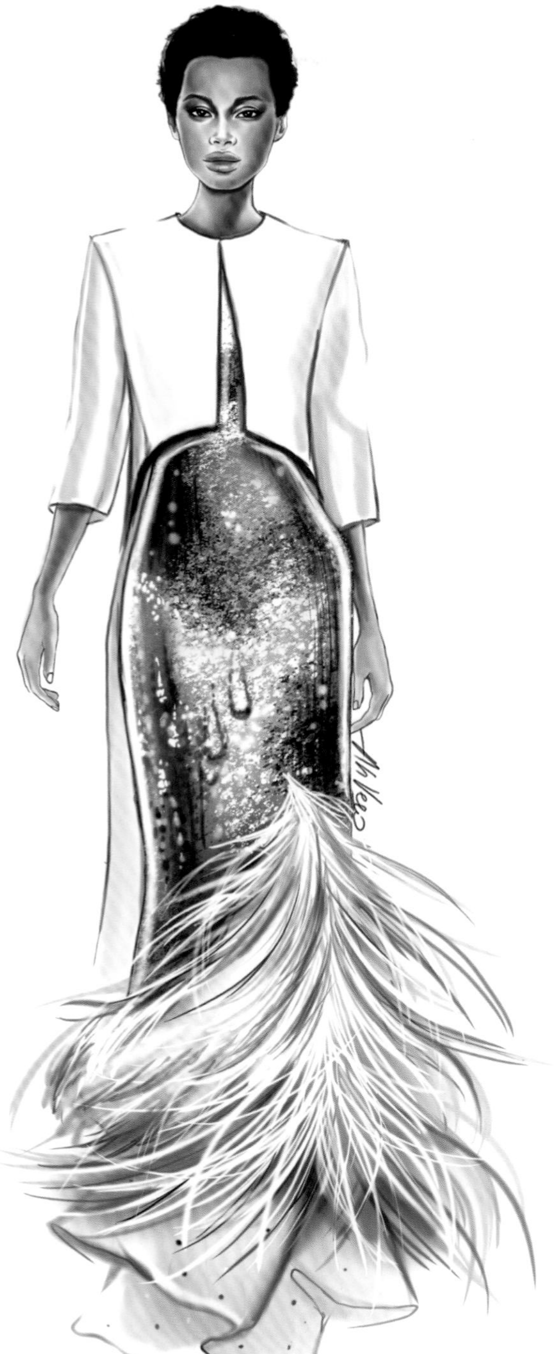

作品名称：白色披肩和羽毛礼服 插画师：维罗妮卡·阿赫玛托娃（@AhVero） 国家：俄罗斯
来自 Givenchy 2018 – 2019 秋冬高级定制的 T 台灵感，注意表现几种不同面料的质感。

作品名称：Rami Al Ali高级定制礼服 **插画师：**温馨 **国家：**中国

与Rami Al Ali品牌合作时装插画，要表现出礼服装饰的光泽感。

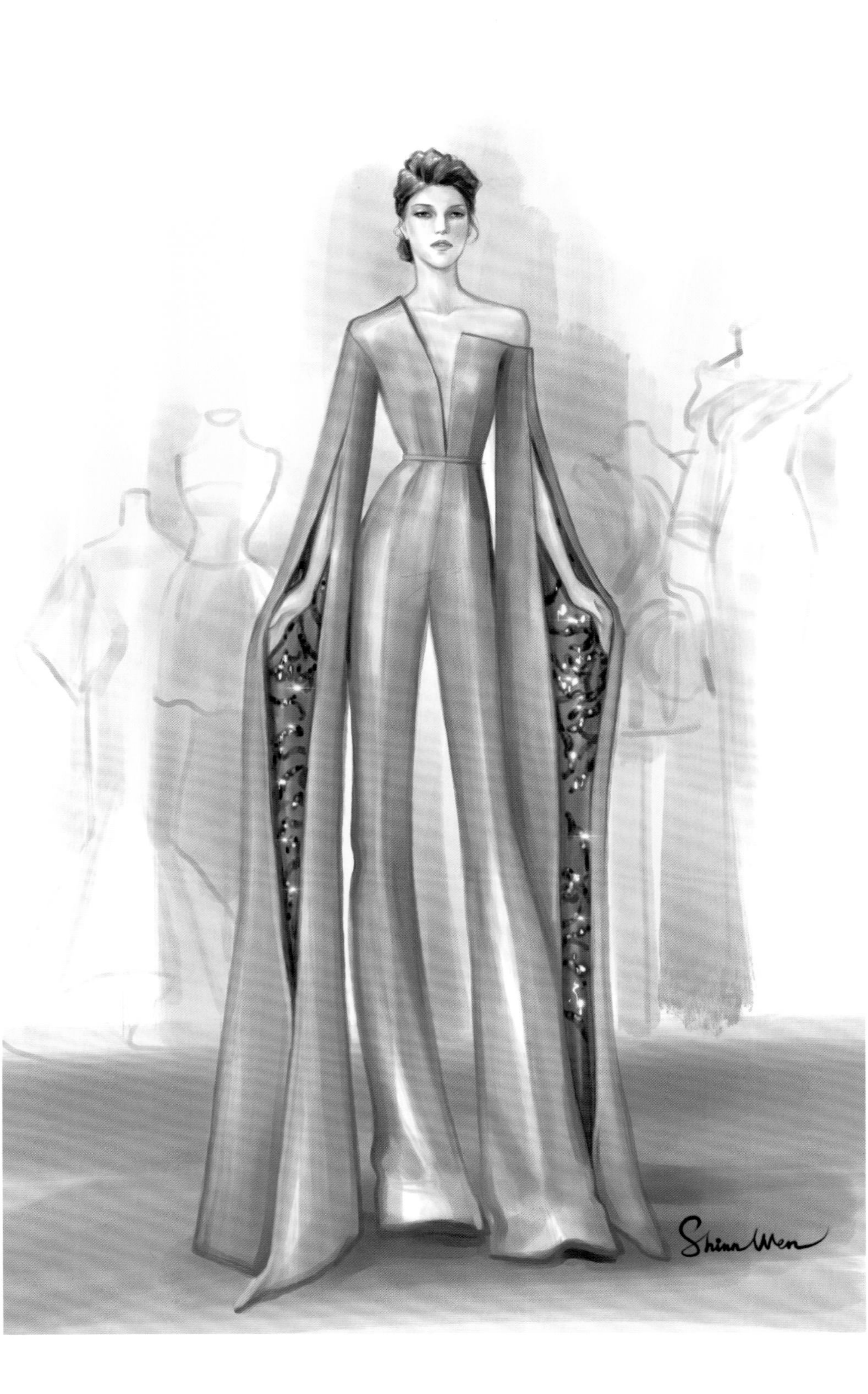

作品名称：Rami Al Ali高级定制 **插画师：**温馨 **国家：**中国

与Rami Al Ali品牌合作时装插画，垂坠的面料和修身的设计打造出纤长的好身材。

作品名称：Marc Jacobs 2018 – 2019 秋冬系列 插画师：阿莲娜・拉辅多夫斯加亚 国家：俄罗斯
与 FashionToMax 的合作插画，灵感来自纽约时装周 Marc Jacobs 2018 – 2019 秋冬系列。

作品名称：Valentino 2018 – 2019 秋冬系列 **插画师：**阿莲娜·拉辅多夫斯加亚 **国家：**俄罗斯

与 FashionToMax 的合作插画，灵感来自巴黎时装周 Valentino 2018 – 2019 秋冬系列。

作品名称：布莱克·莱弗利红毯礼服 **插画师：**阿曼德·梅希德利 **国家：**阿联酋

作品灵感来源于布莱克·莱弗利（Blake Lively）在 2018 大都会艺术博物馆慈善舞会上的红毯造型。

作品名称：爱莉安娜・格兰德红毯礼服 **插画师：**阿曼德・梅希德利 **国家：**阿联酋

爱莉安娜・格兰德（Ariana Grande）身穿王薇薇透视薄纱抽象画印花礼服，亮相 2018 大都会艺术博物馆慈善舞会红毯。

作品名称：吉吉·哈迪德红毯礼服 **插画师：**阿曼德·梅希德利 **国家：**阿联酋

吉吉·哈迪德（Gigi Hadid）亮相 2018 大都会艺术博物馆慈善舞会，身穿不对称长袖露肩鱼鳞摆地长裙。

作品名称：蕾哈娜红毯礼服 插画师：阿曼德·梅希德利 国家：阿联酋

蕾哈娜（Rihanna）在2018大都会艺术博物馆慈善舞会上的造型，展开宗教与时尚的奇想。

作品名称：碧昂丝　**插画师**：阿曼德·梅希德利　**国家**：阿联酋

以歌手碧昂丝为原型创作的时尚插画，长长的卷发和闪光的礼服是这个造型的最为突出的部分，也是插画师着力刻画的重点。

作品名称：蕾哈娜 插画师：阿曼德·梅希德利 国家：阿联酋

这幅作品对光泽面料的表现非常细致，绘画时要注意光源的方向。

作品名称：浅蓝色雪纺礼服 **插画师：**迪蕾塔・德马科 **国家：**意大利

这件雪纺礼服的颜色很浅，与黑色羽毛头饰形成鲜明对比。

作品名称：Valentino 2018 春夏高级定制礼服 插画师：迪蕾塔·德马科 国家：意大利

这幅插画的灵感来源于由创意总监皮耶尔保罗·皮齐奥利（Pierpaolo Piccioli）设计的Maison Valentino 2018 春夏高级定制系列晚礼服。

作品名称： Valentino 2018 春夏高级定制礼服 **插画师：** 迪蕾塔·德马科 **国家：** 意大利

这是根据创意总监皮耶尔保罗·皮齐奥利（Pierpaolo Piccioli）设计的 Maison Valentino 2018 春夏高级定制系列的造型所做的插画。

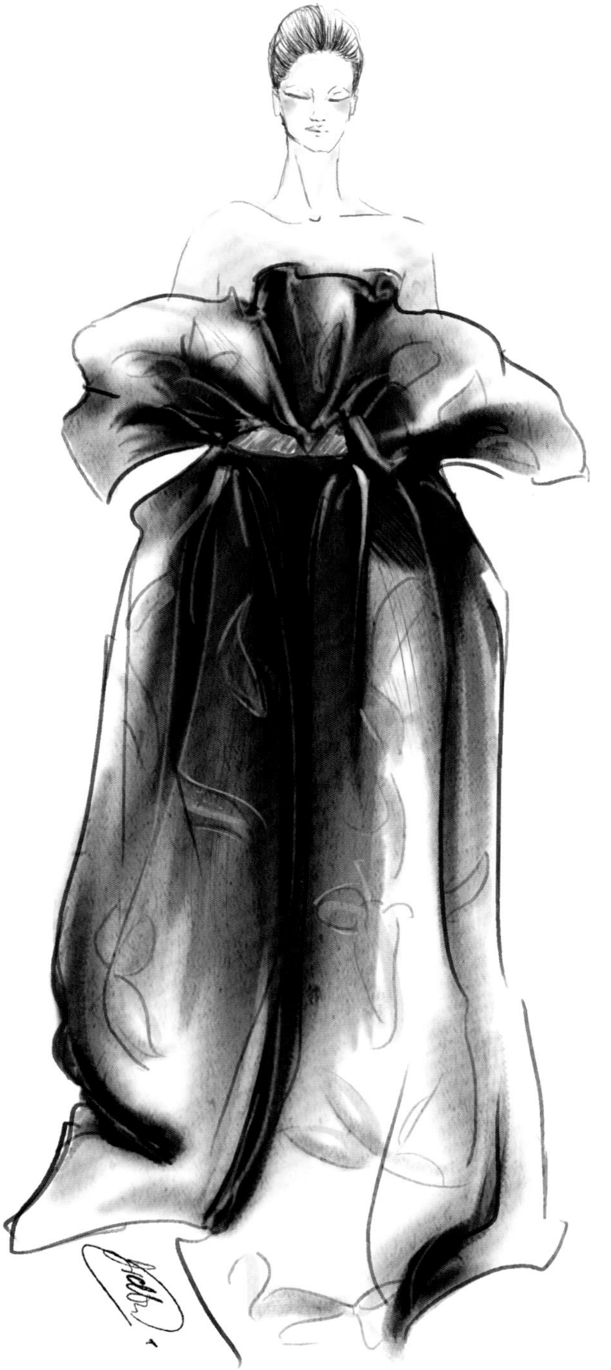

作品名称：身穿 Zuhair Murad 的达丽雅・斯托寇思 **插画师：**刘敏仪 **国家：**新加坡

与 Zuhair Murad 品牌合作的系列插画之一。灵感来自模特达丽雅・斯托寇思（Daria Strokous）2016 年在戛纳电影节红毯上的造型。

作品名称： Fendi 礼服　**插画师：** 亚历山德拉·诺先科　**国家：** 俄罗斯

米兰时装周 Fendi 2017 春季成衣系列，超强的质感是这幅插画的鲜明特色。

作品名称：羽毛礼服 插画师：迪蕾塔·德马科 国家：意大利

这是一幅以模特玛丽娜·鲁伊·巴博萨在《时尚芭拉》2018年活动造型为灵感所做的插画。这条高级定制亮片礼服覆盖羽毛，羽毛正成为最近流行的一种时尚元素。

作品名称：身穿 Zuhair Murad 的艾丽·范宁 **插画师：**刘敏仪 **国家：**新加坡

与 Zuhair Murad 品牌合作的系列插画之一。灵感来自艾丽·范宁（Elle Fanning）2016 年在戛纳电影节红毯上的造型。

作品名称：身穿 Zuhair Murad 的阿拉亚·亥盖特 插画师：刘敏仪 国家：新加坡

与 Zuhair Murad 品牌合作的系列插画之一。灵感来自阿拉亚·亥盖特（Araya Hargate）2016 年在戛纳电影节红毯上的造型。

作品名称：印花和波点 **插画师**：乔·托马斯 **国家**：南非

灵感来自于 Carolina Herrera 2019 年春季系列，虽然没有画得面面俱到，但却能将服装特色和光影结构给予充分体现。

作品名称：波点图案 **插画师：**乔·托马斯 **国家：**南非

灵感来自于 Carolina Herrera 2019 年春季系列，插画师以独特的表现方式展现了鲜明的个人特色。

作品名称： 2017 奥斯卡系列 —— 泰拉吉·汉森 **插画师：** 艾子靖 **国家：** 中国

插画灵感来自于泰拉吉·汉森在 2017 年奥斯卡上的红毯造型。

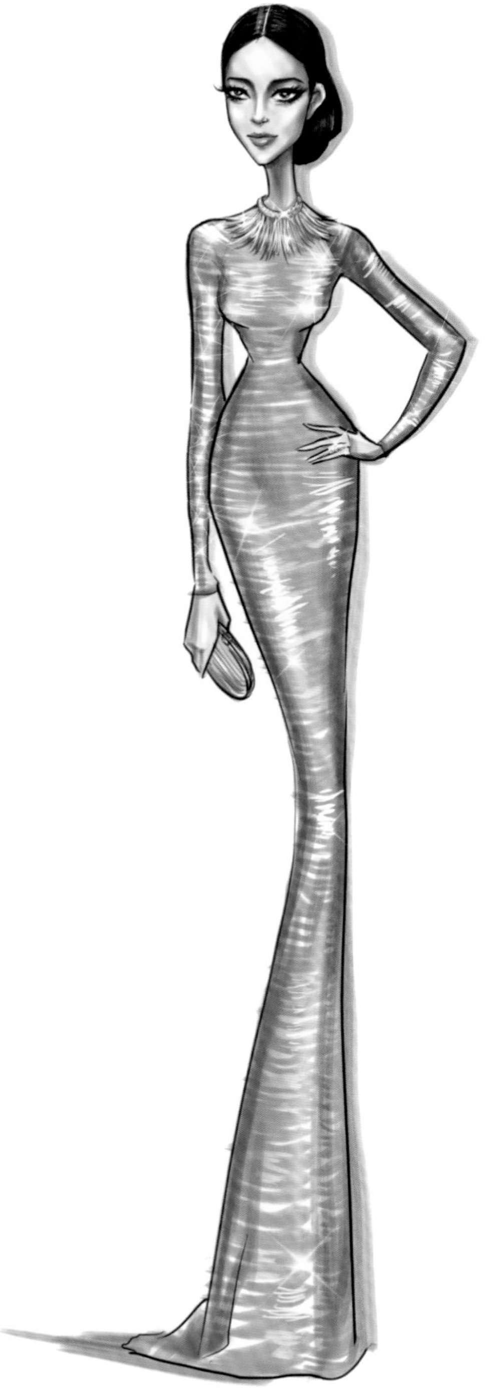

作品名称： 2017 奥斯卡系列 —— 杰西卡·贝尔 **插画师：** 艾子靖 **国家：** 中国

这幅插画的灵感来自于杰西卡·贝尔在考夫曼弗朗哥举办的 2017 年的奥斯卡红毯造型。

作品名称：Elie Saab 2017–2018 秋冬系列 插画师：维罗妮卡·凯姆斯基 国家：俄罗斯
为 2017 年 12 月的香港《品 Prestige》杂志创作的素材。

作品名称：绿色亮片礼服 插画师：维罗妮卡·凯姆斯基 国家：俄罗斯
为2017年12月的香港《品 Prestige》杂志创作的插画素材。

作品名称：羽毛丝绒礼服 **插画师：**彭鑫 **国家：**中国

以PS画笔工具为主，通过层层加深的方法深入画面。羽毛和丝绒都要注意最后一遍要画出白色高光，高光要有深浅、粗细、长短变化。

作品名称：亮片羽毛礼服 插画师：彭鑫 国家：中国

以PS画笔工具为主，通过层层加深的方法深入画面。亮片最后点上去，羽毛要注意形状变化。

作品名称：定制礼服　**插画师：**彭晶　**国家：**中国

设计灵感来源于展翅翱翔的金鹰，礼服的主体图案采用经典的蕾丝刺绣，搭配具有异国风情的头饰令这件插画作品别具一格。

作品名称：女子与明月 插画师：妮基·罗亚 国家：阿联酋
为Ashi Studio 2017秋冬系列特别创作的社交媒体宣传插画。

作品名称： 深 V 鱼尾礼服 **插画师：** 妮基 · 罗亚 **国家：** 阿联酋

灵感来自于 Amato Couture 品牌礼服，精美的刺绣凸显华美之感。

作品名称： 纯净 **插画师：** 妮基·罗亚 **国家：** 阿联酋

为Ashi Studio 2017秋冬系列特别创作的社交媒体宣传插画，具有较为明显的个人风格。

作品名称：珍宝 插画师：妮基·罗亚 国家：阿联酋
为 Ashi Studio 2018 春夏系列特别创作的社交媒体宣传插画，设计极具优雅女性气息。

作品名称：歌舞女郎 插画师：妮基·罗亚 国家：阿联酋

由 Amato 品牌为女演员、歌手安妮·柯蒂斯（Anne Curtis）定制设计的服装，用于她在菲律宾演唱会上的演出服。

作品名称： Elie Saab 2015 春季高级定制礼服 **插画师：** 杨雪莹 **国家：** 中国
数字绘图，Elie Saab 的亮片水晶和刺绣蕾丝有其独特的味道。

作品名称：Elie Saab 2017 春季高级定制礼服 插画师：杨雪莹 国家：中国

Elie Saab 蓝色缎面礼服，腰颈间的配饰为整体造型增色不少。

作品名称：Elie Saab 2018 秋季高级定制礼服 **插画师：**杨雪莹 **国家：**中国

绘画时要注意区分两种主要面料材质上的差别，还有前后空间光影的变化。

作品名称： Elie Saab 2018 秋季高级定制礼服 **插画师：** 杨雪莹 **国家：** 中国

数字绘图，使用大理石纹理贴纸可以真实的再现自然的理石纹路。

作品名称： Brandon Maxwell 2018度假系列 **插画师：** 谭笑 **国家：** 中国

连体裤也可以作为红毯造型，它使你有别于其他穿着长裙的人。

作品名称：Viktor & Rolf系列之暮色 插画师：谭笑 国家：中国
没有额外的装饰，Viktor & Rolf 作品中的曲线设计已经让人赏心悦目。

作品名称：躺在海中唱着你的歌 **插画师：**乔治·V·安东尼奥 **国家：**塞浦路斯

朋友索菲亚穿着由里卡多·提西（Riccardo Tisci）掌舵的Givenchy 2017春夏高级定制系列。

作品名称：贝壳上的维纳斯 插画师：乔治·V·安东尼奥 国家：塞浦路斯

海之仙女系列时尚插画。灵感来自蒂埃里·穆格勒（Thierry Mugler）1999–2000 秋冬高级定制系列。

作品名称：静 插画师：金子 国家：中国

采用中国画式的淡雅来进行绘制，闹中取静。

作品名称：怒放 **插画师：**金子 **国家：**中国

红色代表了热情、活泼、张扬，所以更喜欢用红色这种鲜亮的颜色来绘制时尚插画。

第六章
综合材料礼服插画

除了以常规的水彩、马克笔、彩铅、数字绘图等媒介绘制时尚插画外，有时插画师们还会使用其他一些非常规的材料，如丙烯、墨汁、指甲油、花朵、金粉、贴片等，常常需要结合使用两种以上媒介来进行创作。每一种材料都有其特别之处，你所需的只是探索发现的精神。

一、材料及使用介绍

1. 丙烯

可用水稀释，既能作水彩用，又能作水粉用。且颜色饱满、浓重、鲜润，无论怎样调和都不会有“脏”“灰”的感觉。

丙烯颜料既可以薄画，又可以厚涂。使用薄画法时，其效果与水彩效果近似。色彩的浓度可以用水量来控制，高光的部分留白即可，画暗部时可以直接选用较深的颜色，起到加深暗部的作用。厚涂法则是用画笔沾上厚重的颜料，直接涂于画布之上，既能呈现自然的混色，又能充分保留笔触，呈现特殊的肌理效果。如图 6.1.1

2. 墨汁

应用于传统水墨画中的墨汁，在时尚插画领域也能大放异彩。利用留白、控制墨汁浓度等方法可以塑造出层次分明的体积感，令插画作品别具一格。描绘不同的部位要选择合适的画笔，例如为头发大面积铺色，可以选用刷子，多加一些水分使色彩呈现灰色调。然后选用大号毛笔蘸取较浓的墨汁来表现暗部，发尾的地方通过运笔的方式画出头发的弯曲形态。用小号毛笔挑画出个别细细的发丝，高光的部分留白即可。如图 6.1.2

图 6.1.1 邵希沛作品

图 6.1.2 OHGUSHI 作品

3. 指甲油

指甲油类属彩妆产品，但是近年来网络上开始出现以指甲油，或者水彩与指甲油相结合的形式来绘制时尚插画。一则指甲油色彩艳丽，再则有些带有亮片的指甲油能够起到绚丽的装饰作用。通常插画师是先用水彩上色，待颜料干了以后，再以含有亮片的指甲油点缀其上，很简单但是却能达到如魔法般的迷人效果。如图 6.1.3

4. 花朵

花朵在时尚插画中的应用主要是以拼贴的方式来完成的，但实际上拼贴的素材并不局限于花朵，生活中很多材料都可以通过创意与绘画结合的形式来表现这些美丽的礼服，例如蔬菜、果皮、叶子、羽毛，甚至铅笔屑都可以拿来大做文章。创作时先在纸上画好人物和礼服的廓形，可以用拼贴的素材来完成整个礼服，也可以只选取一小部分素材点缀在画面上。制作时要充分考虑素材的形态、纹理和礼服样式的吻合性，这样才能更加生动、真实地再现礼服的特色。如图 6.1.4

图 6.1.3 克莱雷妮 · 陈作品

图 6.1.4 金子作品

二、综合材料礼服插画教程

案例 1

姜灵钰（leanne-jly）绘。中国自由插画师，时装搭配师，擅用的创作工具有水彩、彩铅、综合材料等。擅长画面质感的细节处理，坚持用手绘技法在二维的纸面上表现三维的美丽。微博@大人挺住啊

第一步：起草线稿，画出比例适宜的人体，细化面部及头发。

第二步：用土红和土黄调出肤色，在肤色的基础上加入熟褐调出肤色暗部颜色。

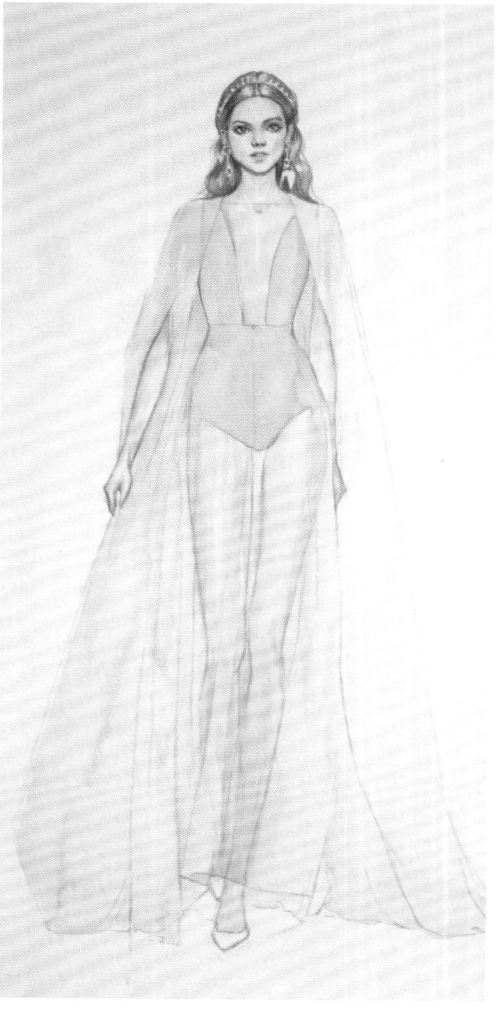

第三步：为礼服大面积上色，注意薄纱部分要透出底部皮肤的颜色。

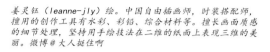

第四步：一层一层画出礼服的薄纱质感，阴影部分饱和度偏高，不要涂灰色。

第六步：使用硅胶笔蘸取亮片贴在礼服的闪光纹饰处，要在胶水变干之前用硅胶笔将亮片排列好，做出礼服的闪光效果。

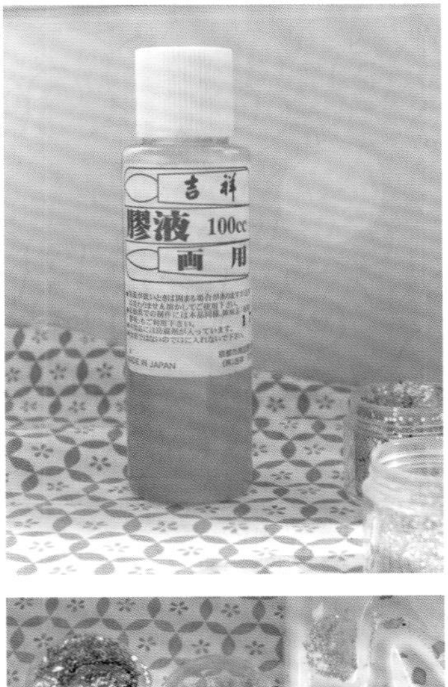

第五步：准备 0.1mm 和 1mm 两种规格的亮片和画用胶水，分别将亮片与胶水混合。准备纤维毛笔和硅胶笔，由于胶水比较伤笔，纯毛笔价格偏高养护不易，当遇到需要将亮片排列出具体形状的情况时，可以用硅胶笔将其排列整齐。

案例 2

李梦园（Reese Li）绘。时尚插画师，在网络教学机构担任时装插画老师。作品以水彩为主，也喜欢使用彩铅、丙烯、闪粉等综合材料作画。对生活和热爱的事永远抱有热情的心态，希望能开心地画一辈子画。

第一步：用铅笔起稿画出淡淡的轮廓，这件小礼服的裙摆上有很多羽毛，并不需要全都画出来，留好空间位置即可。然后用棕色 0.03mm 防水勾线笔进行勾线。

第二步：为画面整体地铺上颜色，包括皮肤、头发、服装和鞋子，基本的明暗关系要画出来。

第三步：深入刻画五官、头发、衣服和鞋子，塑造立体感，增加画面色彩的层次。

第四步：勾勒礼服上的花纹，打造羽毛裙摆的体积感。注意羽毛部分深色、中间色、浅色的色彩过渡，以及笔触的方向要灵活变化，表现羽毛的轻盈飘逸之感。

第五步：用白色丙烯或不透明颜料点缀出亮片的光泽效果，提亮羽毛裙摆上层的颜色。

第六步：将闪粉与画用胶水混合，涂在面料具有闪光装饰的部分。

第七步：最后画面整体效果调整，作品完成。

作品名称：Oscar de la Renta系列礼服 **插画师：**姜灵钰 **国家：**中国

这幅作品采用综合材料，裙身上的光泽和黑白两色过渡衔接的部位是需要仔细刻画的重点。

作品名称： Oscar de la Renta系列礼服 **插画师：** 姜灵钰 **国家：** 中国

这个系列运用了综合材料，结合亮片表现这一季薄纱加亮片的设计点。

作品名称：Oscar de la Renta系列礼服 插画师：姜灵钰 国家：中国

绘制上采用轻薄的水彩来表现纱料的质感，结合亮片点缀装饰效果。

作品名称： Pamella Roland 2018早秋系列礼服 **插画师：** 萱萱 **国家：** 中国

这幅作品由水彩和丙烯绘制而成，凸显着装者散发出的优雅和美感。

作品名称：黑色钉珠小礼裙 插画师：李梦园 国家：中国

水彩上色，待颜料干后用丙烯刻画衣服上的花纹部分，会形成自然的立体效果。

作品名称：Elie Saab 礼服 **插画师：**李梦园 **国家：**中国

Elie Saab 礼服经常使用水晶、亮片、钉珠等光泽材质营造仙美的视觉效果，绘制插画时也可以选用带亮片的指甲油来表现这种效果。

作品名称：梦幻礼服 **插画师：**李梦园 **国家：**中国

先用水彩上色，再用白色丙烯刻画头饰和手饰以及衣服上的蕾丝，最后将闪粉贴在花纹上。

作品名称： 梦幻礼服 **插画师：** 李梦园 **国家：** 中国

丙烯颜料具有色彩饱满、鲜润的特点，很适合用于表现礼服上的蕾丝花纹，最后再用闪粉装饰点缀，就会呈现出独特的画面效果。

作品名称：紫色礼服纱裙 **插画师：**李梦园 **国家：**中国

绘制这幅作品的重点在于要表现出刺绣的立体感和礼服的光泽感。

作品名称：绿色礼服 插画师：李梦园 国家：中国

使用水彩上色，再用白色丙烯刻画礼服上的花纹，最后用闪粉来完成光泽效果。

作品名称：Dior 2017 秋季礼服 **插画师：**李梦园 **国家：**中国

在基本上色完成后，用白色点出裙子上的亮片，最后用胶水混着闪粉添加在裙子上。

作品名称：Zuhair Murad 礼服 插画师：克莱蕾妮·陈 国家：新加坡

使用水彩铺上底色后，用指甲油深入描绘礼服上的图案。

作品名称：Dolce & Gabbana 2019 春夏高级定制礼服 **插画师：**邵希沛 **国家：**中国

色彩饱满鲜艳是该品牌设计的一贯特色，而丙烯颜料正好具备这种特质，非常适合用来快速创作。

作品名称：Dior 2007 秋冬高级定制礼服 插画师：邵希沛 国家：中国

绘画时需要注意面料材质的褶皱和叠加关系。

作品名称：Dior 礼服 **插画师：**邵希沛 **国家：**中国

轻薄的纱质裙摆与花朵装饰极具美感。

作品名称：Dior 2010春夏高级定制 插画师：邵希沛 国家：中国

这幅作品的重点是要凸显腰身的曲线设计，以及轻薄、具有层次感的黑纱。

作品名称：Zuhair Murad 2018 秋冬高级定制礼服　插画师：邵希沛　国家：中国
结合使用彩铅和水彩，绘画时需要注意红色纱质裙摆的前后空间关系。

作品名称：Rodarte 2019 春夏女装 插画师：邵希沛 国家：中国

绘制插画时要注意将皮料和纱料的质感区别开来。

插画师人名录

A

AhVero

Aleksandra Nosenko

Alena Lavdovskaya

Alice Balconi

Armand Mehidri

Arron Lam A Luan

C

Chan Clayrene

CYJian

D

Diletta De Marco

DuyAnh Le

E

Eris Tran

F

FOX TLY

Fsinx

G

George V. Antoniou

H

huanzhujun

J

Jessica Rodgers

Jo Thomas

K

Kiara Tan

L

Leanne-jly

Lumikene